U0610354

⊙ 山西省科技战略研究重点项目："山西省创新生态建设评估研究"（202204031401025）

⊙ 山西省社科联重点项目："双碳目标下山西省能源高质量发展路径研究"（SSKLZDKT2022087）

⊙ 山西省哲学社会科学规划智库课题："推进能源绿色低碳转型推动实现碳达峰碳中和目标的对策建议"（2022YK034）

⊙ 山西省哲学社会科学规划课题："山西省行业碳排放权分配及其减排成本最小化方案研究A"（2023YJ090）

关海玲————著

中国碳减排——路径

产业分配、市场交易与区域转移

经济管理出版社

ECONOMY & MANAGEMENT PUBLISHING HOUSE

图书在版编目（CIP）数据

中国碳减排路径：产业分配、市场交易与区域转移 /
关海玲著 . -- 北京 ：经济管理出版社，2024. -- ISBN
978-7-5243-0147-9

Ⅰ. X511

中国国家版本馆CIP数据核字第2024BE5079号

组稿编辑：谢　妙
责任编辑：谢　妙
责任印制：张莉琼

出版发行：经济管理出版社
　　　　　（北京市海淀区北蜂窝 8 号中雅大厦 A 座 11 层　100038）
网　　　址：www. E-mp. com. cn
电　　　话：（010）51915602
印　　　刷：北京市海淀区唐家岭福利印刷厂
经　　　销：新华书店
开　　　本：720mm × 1000mm/16
印　　　张：15. 75
字　　　数：239 千字
版　　　次：2024 年 12 月第 1 版　　2024 年 12 月第 1 次印刷
书　　　号：ISBN 978-7-5243-0147-9
定　　　价：88. 00 元

· 版权所有　翻印必究 ·

凡购本社图书，如有印装错误，由本社发行部负责调换。
联系地址：北京市海淀区北蜂窝 8 号中雅大厦 11 层
电话：（010）68022974　　邮编：100038

序

　　自改革开放以来，中国的经济展现出惊人的增长势头，但也面临平衡生态环境治理和经济健康发展的难题。虽然党和政府对单一污染物的治理取得了良好成效，但由于这些环境规制在实施过程中存在外部性、区域分异及边界效应等问题，难以兼顾经济发展与生态环境治理。当前中国环境治理呈现多主体协作、多政策协同、多激励互补的特点。在此背景下，2022 年 6 月，生态环境部、国家发展改革委等七部门联合印发的《减污降碳协同增效实施方案》指出，"协同推进减污降碳已成为我国新发展阶段经济社会发展全面绿色转型的必然选择"。党的二十大报告就"推动绿色发展，促进人与自然和谐共生"作出重大部署，强调要推进美丽中国建设，协同推进降碳、减污、扩绿、增长，推进生态优先、节约集约、绿色低碳发展。推进减污降碳协同增效，是贯彻新发展理念、促进经济社会发展全面绿色转型的有力抓手，也是实现美丽中国建设和"双碳"目标的必然选择。降碳、减污、扩绿、增长协同治理无疑已成为中国应对环境问题的重要策略，如何推动减污降碳协同已然成为一个亟须关注的热点问题。

　　目前，中国生态文明建设进入了推动减污降碳协同增效和实现生态环境质量改善由量变到质变的关键时期。然而，中国生态环境保护的结构性、根源性、趋势性压力总体上还未得到根本缓解，重点区域、重点产业部门污染问题仍然存在。面对大气污染和气候变化的双重威胁，减污治理和降碳治理两大难题叠加，导致治理工作强度更大、要求更高；加之长期以来，减污降碳协同治理实践存在减污治理和降碳治理政策分裂、减排路径分散，以及"重末端、轻源头"治理模式与碎片化防治方式等治理困境，因此迫切需要重新审视碳污染防治工作，探析减污降碳协同治理的驱动路径，构建更高质量、更可持续、更加绿色的减污降碳协同治理格局，从而实现人与自然和谐共生的绿色现代化建设。

本书尝试以中国碳排放权交易市场机制为出发点、以碳减排为主线，按照"理论逻辑—方案设计—作用机制—实现路径"的思路，通过综合运用低碳经济理论、碳配额理论、要素禀赋理论、降碳减污扩绿增长理论、熵值法、碳交易模型、减排成本模型、碳排放转移核算模型、灰色关联模型、时空地理加权回归模型等基本理论与模型，从理论和实证角度对中国碳排放配额分配的方案设计、碳排放权交易的内在机制、碳排放转移的演化趋势及协同效应展开研究，以期找到能够兼顾效率与公平且适用于中国产业特征的碳配额分配方案，助力通过碳排放权交易以完善减污降碳协同治理的机制设计，以及准确测算碳排放转移并激发其降碳、减污、扩绿、增长效应的发挥。

本书的创新性体现在以下三个方面：一是在理论研究方面，本书突破了以往碳配额、碳排放权交易及碳排放转移相关研究中研究视角的限制。将碳配额、碳交易及碳转移纳入同一分析框架，从省际、产业部门、工业分行业多视角分析了不同原则下碳配额分配方案的设计、碳排放权交易政策的评估及碳排放转移的测算，这体现出对现有相关文献中研究方法和内容的扩展。

二是在实证研究方面，本书以中国碳减排为契机，针对碳排放权交易市场机制下的碳配额、碳交易及碳转移展开深入研究。首先，定量分析了碳配额效率分配结果的影响，以及碳市场规制下碳交易的总减排成本效应的变化；其次，针对碳配额分配下的碳排放权交易政策效应及其减污降碳协同效应展开了探讨；最后，针对中国省际碳转移及其多重协同效应进行了测算与量化评估。

三是在应用研究方面，本书基于"双碳"目标与减污降碳协同治理的背景，主要从碳配额分配、碳排放权交易及碳排放转移三个方面综合考察了中国碳排放权交易市场的理论逻辑与实践机制，并针对碳排放权交易市场机制中的减污降碳协同效应展开进一步评析，以期为中国更好地统筹气候变化治理与环境保护工作提供实践经验及对策途径。

本书较为系统和全面地集成了有关碳排放权交易机制及减污降碳协同效应的最新成果，揭示了中国碳排放权交易市场机制中关于碳配额分配、碳排放权交易和碳排放转移的内在机制，以及其中的"减污"与"降碳"的双重效应。本书是作者相关研究成果的集中展现，希望本书不仅能为有兴趣探究中国碳减排路径与碳排放权交易市场体系相关问题的专家、学者提供一些有待深入研究的问题和线索；还能为中国深化碳减排工作、加强碳排放权交易市场建设及推进减污降碳协同增效提供有益的借鉴和参考，为推动美丽中国建设与"双碳"目标的顺利实现作出贡献。

2024 年 8 月

目 录

第一章　绪论

在当前生态文明建设的新形势下，中国同时面临"双碳"与美丽中国建设两大目标任务，统筹推进减污降碳已成为中国社会经济发展全面绿色转型的必然选择，是从根本上解决生态环境问题的有效路径。党的二十大报告强调，要推进美丽中国建设，坚持山水林田湖草沙一体化保护和系统治理，统筹产业结构调整、污染治理、生态保护、应对气候变化，协同推进降碳、减污、扩绿、增长，推进生态优先、节约集约、绿色低碳发展，促进人与自然和谐共生。如何通过优化技术路径、设计政策组合，推动清洁空气与碳达峰、碳中和措施协同发力，已成为社会各领域关注与探索的重点。此外，温室气体与大气污染物排放同根同源，气候变化与大气污染之间均对生态环境与人类健康具有显著的负面影响，且二者之间存在明确的相互作用关系。因此，气候变化应对和大气污染治理在科学机制、目标体系、治理方案、应对措施和综合效益等方面体现出高度的协同效应。鉴于此，本书以"双碳"目标、碳排放权交易市场机制及减污降碳协同治理为出发点，深入探究中国实施碳减排的新路径。

第一节　研究背景与研究意义

一、研究背景

（一）应对气候变化的顶层设计得以加强

气候变化给人类生存和发展带来严峻挑战，积极应对全球气候变化、推动绿色低碳发展已成为各国共识。作为世界上最大的发展中国家，中国将完成全球最高碳排放强度降幅，用历史上最短的时间实现从碳达峰到碳中和。然而，当前中国经济结构仍不合理，同时工业化、新型城镇化还在深入推进，经济发展和民生改善任务仍较重，能源消费仍将保持刚性增长。与发达国家相比，中国推进碳达峰碳中和面临时间窗口偏紧、能源结构偏煤、产业结构偏重及基础支撑薄弱等挑战，迫切需要加强顶层设计。

2020年9月22日，习近平主席在第七十五届联合国大会一般性辩论上首次向全世界宣布中国的碳达峰目标与碳中和愿景，并进一步指出"中国将提高国家自主贡献力度，采取更加有力的政策和措施，力争二氧化碳排放于2030年前达到峰值，努力争取2060年前实现碳中和"。2020年9月30日，习近平主席在《在联合国生物多样性峰会的致辞》又明确提出，"我国将采取更加有力的政策和措施顺利达成'3060目标'，为实现应对气候变化《巴黎协定》确定的目标作出更大努力和贡献"。同年11月，习近平主席分别于第三届巴黎和平论坛在金砖国家领导人第十二次会晤上的讲话、在二十国集团领导人利雅得峰会"守护地球"主题边会上的致辞上表示，"中方将为此制定实施规划""我们将说到做到""中国言出必行，将坚定不移加以落实"。2020年12月，中央经济工作会议在北京举行，习近平总书记针对碳达峰目标与碳中和愿景发表重要讲话，首次将"碳达峰碳中和"列入重点任务，强调做好碳达峰碳中和工作，并进一步提出"要抓紧制定 2030 年前碳排放达峰行动方案,支持有条件的地方率先达峰;要加快调整优化产业结构、能源结构;推动煤炭消费尽早达峰,大力发展新能源;加快建设全国用能权、碳排放权交易市场,完善能源消费双控制度;要继续打好污染防治攻坚战,实现减污降碳协同效应;要开展大规模国土绿化行动,提升生态系统碳汇能力"等一系列战略举措,坚定了中国实现"双碳"目标的决心。

实现"双碳"目标是一项多维、立体、系统的工程,涉及经济社会发展全过程和各领域。党中央牢牢把握中国经济社会发展的理论逻辑、历史逻辑、现实逻辑,先后出台了一系列促进绿色转型的新政策、新举措(见表 1-1),积极稳妥推进"双碳"工作,为中国的可持续发展提供了有力政策支持和制度保障。

表 1-1　近几年中国主要的"双碳"行动部署

时间	事件	主要举措	成效
2020 年 9 月	习近平主席在第七十五届联合国大会一般性辩论上发表重要讲话	提出中国二氧化碳排放力争于 2030 年前达到峰值,努力争取 2060 年前实现碳中和	近年来,在党和国家的领导下,中国能源绿色低碳转型稳步推进、产业结构持续优化升级、重点领域绿色低碳发展成效显著、生态系统碳汇稳步提升,2020 年,中国二氧化碳排放强度比 2005 年下降 48.4%,超额完成第一阶段国家自主贡献承诺。在此基础上,"十四五"前两年,中国二氧化碳排放强度进一步下降 4.6%,节能降碳成效显著
	习近平主席在联合国生物多样性峰会发表重要讲话	更加坚定"3060 目标"	
2020 年 10 月	《中共中央关于制定国民经济和社会发展第十四个五年规划和二〇三五年远景目标的建议》	全面实行排污许可制,推进排污权、用能权、用水权、碳排放权市场化交易	
2020 年 12 月	习近平总书记主持中央经济工作会议发表重要讲话	加快建设全国用能权、碳排放权交易市场,完善能源消费双控制度,实现减污降碳协同效应	
2021 年 2 月	《关于加快建立健全绿色低碳循环发展经济体系的指导意见》	建立健全绿色低碳循环发展经济体系,确保实现碳达峰碳中和目标	
2021 年 3 月	《中华人民共和国国民经济和社会发展第十四个五年规划和 2035 年远景目标纲要》	实施以碳强度控制为主、总量控制为辅的制度,支持有条件的行业、企业率先达到碳排放峰值	
2021 年 10 月	习近平主席在《生物多样性公约》第十五次缔约方大会领导人峰会上发表重要讲话	陆续发布重点领域碳达峰实施方案、支撑保障措施,构建碳达峰碳中和"1+N"政策体系	

续表

时间	事件	主要举措	成效
2022 年 8 月	《科技支撑碳达峰碳中和实施方案（2022—2030 年）》	加强科技支撑碳达峰碳中和涉及基础研究、技术研发、应用示范、成果推广、人才培养、国际合作等多个方面	
2023 年 4 月	《碳达峰碳中和标准体系建设指南》	针对国家标准和行业标准，对碳达峰碳中和标准体系及其子体系的重要内容进行说明	
2024 年 5 月	《2024—2025 年节能降碳行动方案》	主要围绕化石与非化石能源消费、重工业、用能产品设备节能降碳提出重要举措	

（二）全国碳市场制度体系建设逐步完善

碳排放权交易市场（以下简称"碳市场"）是推动实现"双碳"目标的重要政策工具，而配额分配与排放转移是全国碳排放权交易市场健康平稳有序运行、实现政策目标的基础。党的二十大报告明确提出，健全碳排放权市场交易制度。习近平总书记要求，"建成更加有效、更有活力、更具国际影响力的碳市场"。

目前，中国碳市场包括强制性的碳排放权交易市场和自愿性的减排交易市场，二者既各有侧重、独立运行，又互为补充，通过配额清缴抵消机制相互衔接，共同构成全国碳市场体系。在第一类强制性交易市场中，由政府确定碳排放的总额，并按照一定规则确定每个碳市场参与主体在一定时间内（如一年内）被许可的碳排放量（被称为"碳配额"），要求企业在规定时间内向政府部门清缴配额以完成履约。如果企业的实际排放量低于其分到的碳配额（如通过节能改造等方式减少了排放量），那么可以在碳市场出售其剩余配额以获取利润，而实际排放量超过所分到碳配额的企业则需要到碳市场购买其他企业的剩余配额，完成碳市场履约，实现"碳排放转移"。如今，中国、欧盟、英国、美国、韩国等 50 个国家和地区均建立了碳交易市场。第二类自愿性交易市场主要是为满足企业履行碳减排需求而设立的市场。为实现自身提出的碳减排或碳中和目标，许多企业选择通过购入减排的方式部分抵消自身的碳排放量。针对这一需求，全球许多机构开发了不同类型的自愿减排产品，并在自愿性碳排放权交易市场出售。

按照党中央、国务院的决策部署，在借鉴国际碳市场建设经验、总结地方试点碳市场建设实践的基础上，全国碳排放权交易市场从发电行业入手，于2021年7月启动上线交易，现纳入重点排放单位2257家，年覆盖二氧化碳排放量为51亿吨，占全国二氧化碳排放的40%以上，成为全球覆盖温室气体排放量最大的市场。全国碳排放权交易市场第一个履约周期为2021年1月1日至12月31日，共纳入发电行业重点排放单位2162家，年覆盖温室气体排放量约45亿吨二氧化碳。第一个履约周期在发电行业重点排放单位之间开展碳排放配额现货交易，847家重点排放单位存在配额缺口，缺口总量为1.88亿吨，累计使用国家核证自愿减排量约3273万吨用于配额清缴抵消。全国碳排放权交易市场第二个履约周期（2022年度）共纳入发电行业重点排放单位（含其他行业自备电厂）2257家，年度覆盖温室气体排放量约51亿吨二氧化碳当量。截至2023年底，全国碳排放权交易市场碳排放配额累计成交量达4.42亿吨，累计成交额为249.19亿元。其中，第二个履约周期碳排放配额累计成交量达2.63亿吨，累计成交额为172.58亿元，交易规模逐步扩大，交易价格稳中有升，交易主体更加积极。[①] 2024年1月，全国温室气体自愿减排交易市场正式启动，是继全国碳排放权交易市场后又一推动实现"双碳"目标的政策工具。强制碳市场对重点排放单位排放行为进行严格管控，自愿碳市场鼓励全社会广泛参与，两个碳市场独立运行，并通过配额清缴抵消机制相互衔接，二者共同构成全国碳市场体系。

中国的碳市场对全球碳价水平和碳交易机制成效具有重要影响力，碳市场的建设和运行受到国际社会的高度关注。中国基于碳排放强度控制目标的配额分配与碳排放转移展现了碳市场机制的灵活性和适用性优势，为全球碳市场机制创新

---

① 资料来源：《全国碳市场发展报告（2024）》。

贡献了"中国方案"。

（三）降碳减污扩绿增长协同增效持续推进

实现生态环境根本好转、"双碳"目标是中国生态文明建设两大战略任务，协同推进碳达峰碳中和工作，坚持降碳、减污、扩绿、增长协同推进，是促进经济社会发展全面绿色转型的重要抓手。其中，减污降碳的协同增效尤为关键。

2020年12月，习近平总书记在主持中央经济工作会议时首次公开提出减污降碳协同，提出"要继续打好污染防治攻坚战，实现减污降碳协同效应"的重大战略。2021年8月，习近平总书记在主持召开中央全面深化改革委员会第21次会议时，又进一步提出"'十四五'时期，中国生态文明建设进入以降碳为重点战略方向、推动减污降碳协同增效、促进经济社会发展全面绿色转型、实现生态环境质量改善由量变到质变的关键时期，污染防治触及的矛盾问题层次更深、领域更广，要求也更高"的重要指示。2022年6月，生态环境部等七部委印发并实施了《减污降碳协同增效实施方案》，强化生态环境分区管控等源头治理，加强工业、交通运输、城乡建设等重点领域减污降碳落地实施，强化大气、水、土壤、固废等环境污染治理与碳减排的措施协同提升环境质量，推动重点区域、城市、园区、企业开展减污降碳协同创新示范。强调通过建立"源头—过程—末端"全过程减污降碳协同增效体系，全面提高环境治理综合效能，实现环境效益、气候效益、经济效益多赢。2023年12月，国家发展改革委、住房和城乡建设部及生态环境部联合发布了《关于推进污水处理减污降碳协同增效的实施意见》，重点围绕"强化源头节水增效""加强污水处理节能降碳""推进污泥处理节能降碳"三个方面提出了具体措施和支持政策。2024年5月，国务院印发的《2024—2025年节能降碳行动方案》主要针对中国重点领域和行业的减污降碳工作提出重点任务和战略要求，强调完善能源消耗总量和强度调控，重点控制化石能源消费，强化碳排放强度管理，分领域分行业实施节能降碳专项行动，以更高水平、更高质量做好节能降碳工作，全面提升减污降碳综合效率，促进经济社会发展全面绿色转型，为实现碳达峰碳中和目标奠定坚实基础。

二、研究意义

探讨低碳减排下以碳配额分配、碳排放权交易和碳排放转移为核心的碳排放权交易市场机制，是当前经济学与管理学交叉研究中一个备受关注的重大现实课题，是响应国家经济社会发展全面绿色转型的一项重要战略，是促进"双碳"目标实现和碳市场稳健运行的必然选择，因此，本书具有较强的理论意义和现实意义。

（一）理论意义

本书系统梳理了碳排放权交易市场的相关概念，以及研究碳配额分配、碳排放权交易、碳排放转移的理论、方法和工具。在此基础上，构建了碳排放权交易市场机制下的碳减排博弈、碳配额分配、碳排放权交易与碳排放转移及其协同效应研究的理论框架，采用规范的理论论证、模型构建、实证分析等计量经济和统计分析方法，从宏观省际层面、中观产业与行业层面的视角出发，分析了中国省级层面的碳排放转移，以及不同产业部门的碳配额分配、工业分行业的碳配额分配；并进一步从降碳、减污、扩绿、增长的角度剖析了碳配额分配与碳排放转移的多重协同效应，有助于通过跨学科、多层次理解碳配额分配的减污降碳协同作用机制与实现路径，具有一定的学术价值和理论指导意义。

本书进一步充实了产业经济学、环境经济学等相关学科的理论基础。从现有研究成果来看，虽然碳排放权交易市场与减污降碳协同效应是学术界较为热门的话题之一，但碳配额分配相关研究多局限于国家、省级或单一行业层面，产业部门层面的实证研究较少，且缺乏考虑碳转移和碳市场规制下碳交易的碳配额分配；特别是有关碳配额的减排效应限于降碳效应的单一内容，忽视了"碳污同源"的特性，未揭示碳配额分配与减污降碳协同效应的内在联系，而减污降碳协同效应的相关研究多基于碳交易、用能权交易等视角，鲜有研究构建碳配额分配的减污降碳协同分析框架。此外，当前碳转移研究聚焦产业转移、能源结构、发展趋势等单一内容，缺乏碳转移的多方位作用机制梳理和系统性分析框架建构；且有关碳配额分配、碳排放转移与降碳、减污、扩绿、增长效应相结合的内在逻辑未得到充分研究，已有研究也并未形成系统且成熟的研究框架。因此，有必要形成模块化、递进性和系统性的理论和实证分析框架。本书分别将碳配额分配与碳排放转移协同效应纳入研究框架，扩展了评价碳配额及碳转移政策效果的研究方法和内容，本书以期对相关领域的研究进行补充，促进相关领域理论研究的发展。

（二）现实意义

本书基于碳排放约束下的低碳减排主体博弈，从碳配额分配、碳排放权交易与碳排放转移视角研究了碳排放权交易市场机制下政府、企业等主体的行为选择及政策效应，深入探究了碳配额分配的方案设计，凝练碳配额分配的减污降碳协同选择方略和实现路径，对响应国家经济社会发展全面绿色转型战略，促进碳达峰碳中和目标实现和碳市场稳健运行具有重要的现实意义。同时，在"双碳"背景下，碳排放交易机制的完善会进一步促进中国省际的碳排放转移，本书研究对中国实现全面绿色转型、经济高质量发展等具有重要的现实意义。

企业作为碳减排的主体，政府与银行等金融机构将为其提供政策激励与资金融通，三者各具独特的资源和优势，其高效协同能够将这些资源和优势进行有效整合，形成推动低碳经济发展的强大合力。此外，在碳排放权交易市场机制下，碳配额分配是保持碳市场稳健运行和实现政策目标的基石，能够充分运用市场化手段和环境经济政策推动及提升减污降碳协同增效。碳排放权交易作为碳配额的补充机制，为企业在碳排放与碳配额的双重约束下提供了更加灵活的减排渠道，不仅能帮助企业顺利完成减排工作，还能发挥绿色技术创新方面的激励作用，助力企业准确、科学、高效地完成配额清缴，实现绿色减排。而省际碳转移不仅能有效降低碳排放水平和工业污染排放强度，还能提高城市绿色化建设程度和经济增长质量，即有效释放降碳、减污、扩绿、增长的四重红利效应。在此背景下，分析碳配额分配及碳排放转移能否发挥减污降碳对生态环境质量改善的源头牵引作用；能否充分利用现有生态环境制度体系协同促进低碳发展，从而推动减污降碳协同治理水平的提升，具有重要的现实意义。鉴于此，本书从宏观省际层面和中观产业与行业层面的角度出发，不仅深入分析了碳排放转移及碳配额分配的深层次逻辑，从而为中国碳市场建设提供更加明晰的决策参考；而且从降碳、减污、扩绿、增长四重效应的角度出发，深入挖掘了在碳配额分配与碳排放转移中协同效应的产生机制，这对中国统筹规划碳市场建设、经济发展与环境治理具有重要的现实意义。因而，本书不仅为加快推进全国碳排放权交易市场建设提供了现实参考，而且为中国实现降碳、减污、扩绿、增长协同增效与推进经济社会发展全面绿色转型提供了应用价值。

第二节 国内外研究进展评述

结合本书需要解决的问题，与其密切相关的学术文献主要有三个方面，包括碳配额分配及其协同效应的研究、碳排放权交易及其协同效应的研究、碳排放转移及其协同效应的研究。

一、碳配额分配及其协同效应的研究

（一）碳配额的提出与内涵

碳配额最早可追溯至 Coase（1960）提及的科斯定理，通过明晰环境产权和交易费用等经济手段，解决环境污染的外部性问题，这为碳配额及其交易的产生奠定了基础。在此基础上，美国经济学家 Dales（1968）进一步提出"排污权交易"，主要思想是在对污染物排放总量约束的前提下，建立合法的排污权以允许其像商品一样可以相互交易。从这一角度来看，碳配额是指不同主体依法取得的向大气排放二氧化碳等温室气体的权利，这个"合法"排放的总量即碳配额（韩良，2009）。在此基础上，许多学者从不同属性角度对其内涵进行了研究。从产权角度来看，有学者认为应对碳配额进行有限制的约束与监督（林伯强等，2010）；从资源配置角度来看，有学者认为在对碳配额总量进行约束时，其能够表现出不同于一般公共物品的稀缺性和竞争性（蔡文灿，2013）。然而，对于碳配额的内涵，学者达成了共识，一致认为碳配额是指按规定必须完成的温室气体减排指标，即通过对排放上限的封顶，将不受约束的排放权改造成一种稀缺配额的过程（袁溥，李宽强，2011；王军锋等，2014；吴洁等，2015）。

在对碳配额分配问题的探讨方面，目前，中国的碳交易市场主要有两类基础产品，一类为政府分配给企业的碳排放配额（Carbon Emission Allowance，CEA），另一类为核证自愿减排量（Chinese Certified Emission Reduction，CCER）。碳配额的来源渠道主要有四个，分别为政府发放（欧盟配额）、政府拍卖（欧盟配额）、碳交换（欧盟配额和核证减排额）、双边互买（欧盟配额和核证减排额）。配额分配模式为拍卖、免费分配及混合模式，其中免费分配模式基于历史总量法、历史强度法和基准线法来确定。中国碳交易市场以碳配额为主，CCER 为其补充。碳配额是政府为完成控排目标采用的一种政策手段，即在一定的时间和空间内，将控排目标转化为碳配额并分配给下级政府和企业；各参与主体因实际排放量与发放配额存在差距、产生盈余或不足，进而产生配额供需，再利用市场化手段对配额进行定价，实现交易流通。而 CCER 作为碳配额的一种补充机制，是指对中国境内可再生能源、林业碳汇、甲烷利用等项目的温室气体减排效果进行量化核证，并在国家温室气体自愿减排交易注册登记系统中登记的温室气体减排量。对于实际碳排放量高于配额的企业，可通过购买 CCER 抵消企业部分实际排放量，实现履约。

（二）碳排放配额分配的相关研究

推进全国碳排放权交易市场建设，不仅是推动中国全面绿色低碳转型发展的一项重大创新，也是推动实现"双碳"目标的一项重要政策工具，而如何科学、公平、合理地进行碳配额分配是目前碳排放权交易实施过程中的核心问题。鉴于此，许多学者分别从部分地区、重点行业等视角展开深入分析。其中，Wang 等（2019）基于公平和高效的原则，通过测量煤电供应链企业内部各环节碳排放，建立了公平偏差指数模型，并以煤电供应链企业为例，在碳排放总量和减排目标的约束下，对其原煤开采、洗煤厂和各发电环节的碳减排责任进行了内部分解。Tahereh 等（2022）在碳排放总量不变的前提下，创新性地建立了碳配额交易体系，并在测算的总量减排目标下，建立了碳配额分配机制，从效率和公平两个特征将最高排放国的减排目标转变为国家目标，并为最高排放国维持均衡状态设定了综合目标。Qi 等（2023）从有限理性的角度，讨论了银行机制下配额分配对碳市场参与者行为策略的影响。Dong 等（2023）通过构建考虑公平、效率和生态建设的碳配额分配指标，根据中国政府的预期碳排放目标和经济社会发展指标计算了重要时期的碳排放和能源消耗数据，最后使用零和博弈数据包络模型讨论了区域配额的初始分配和最优碳配额方案。杨冬锋等（2024）以电力市场中的可再生能源配额制及绿证交易机制为参考，提出绿色氢能证书交易机制；并基于氢能多元化应用模型，综合考虑了绿色氢能证书交易机制和新能源汽车碳配额交易机制。王育宝和樊鑫（2024）改进了碳总量交易市场一般静态均衡模型，创新性地引入了碳强度配额交易市场，分析了中国碳强度配额交易市场分别与固定上网电价补贴政策、绿证市场叠加实施情形下，电力行业的用能结构变动趋势和碳减排效应。钱昭英和田磊（2024）针对碳排放权合理分配的问题，采用改进的 ZSG–DEA 模型考虑各省的减排潜力，探寻了兼顾公平和效率的碳排放权省域分配方案。周亿迎等（2024）基于效率和公平原则，提出了五项港口行业碳排放配额分配准则，并基于熵权–TOPSIS 法构建了港口行业碳配额分配效率—公平综合评价模型，对历史强度法、基于碳强度排序的基准线法和基于能耗限值的混合分配法三种方法的配额分配效率和公平性进行了评价。王道平等（2024）分析了碳配额交易路径选择、企业碳减排量、供应链成员利润等影响因素，构建了供应链成员仅在外部碳交易市场和分别在内外部碳交易市场进行碳配额交易的斯塔柯尔伯格博弈模型，求解得到了相应情形下的最优碳减排量。关海玲和张华（2024）则从产业部门视角出发，以 2025 年碳排放总量控制为约束目标，综合运用 ZSG–DEA 模型、熵值法等设计了基于公平、效率和综合原则的碳配额分配方案，并在此基础上，于碳市场规制下通过构建减排压力指数和减排成本模型对比分析了其减排效应。

（三）碳排放配额分配及其协同效应的研究

作为实现减排的重要政策工具，碳配额分配制度是实现碳排放控制和碳市场稳定运行的基础与核心内容（钱浩祺等，2019）。而碳配额能否合理分配事关碳市场的健康平稳运行（胡东滨等，2017）。随着全国统一碳排放权交易市场建设的不断完善，在加强碳交易管理的同时，相关部门正在积极探索普遍适用且科学、合理的分配方案。

目前，学者针对碳配额的研究多局限于国家、省级层面（Cai and Ye，2019；冯青等，2023）或只针对单一行业（宋亚植等，2023；魏咏梅等，2023），整体行业层面碳配额的实证研究较少，忽略了行业之间也存在碳配额竞争与协同。总体上看，有关碳配额分配的研究已经取得一些进展，现有文献对碳配额分配原则、分配方法的研究为本书提供了重要参考。碳配额分配原则主要可归纳为公平原则和效率原则两大类。历史责任原则由于数据获取容易且计算过程简单常被作为公平原则，然而这种基于历史责任原则的分配容易对碳排放量较大的主体造成过重的减排负担，不利于经济可持续发展（王文举、陈真玲，2019），因此基于公平原则的分配方案有待改进。针对效率原则，Lins 和 Gomes（2003）提出的 ZSG-DEA 模型提供了一种资源分配问题的研究方法（傅京燕、黄芬，2016；齐绍洲等，2021；叶沛筼等，2023）。研究发现，单一分配原则往往有所偏颇，可能出现极端的分配结果（Höhne et al.，2014），难以被不同减排主体所接受，从而在实践中的应用和推广受到制约。近年来，许多学者将公平与效率指标融合起来研究碳配额分配（王倩、高翠云，2016；冯晨鹏等，2020）。在评价方法方面，公平性评价指标多使用基尼系数（李建豹等，2020），针对效率评价，学者将单位 GDP 能耗（Zhou et al.，2021）、碳生产率（熊小平等，2015）等作为效率指标，也有部分学者使用其他方法进行效率分析。然而，由于分配原则和方法具有多样性，目前尚未形成具有共识性的分配方案（方恺等，2018）。在碳市场规制下，盈余的碳配额可以在二级市场进行交易，因此，除静态角度研究碳配额的公平性与效率性外，动态碳交易研究也不可忽视。此外，现有研究大多基于 2020年、2030 年减排目标计算碳配额，以 2025 年为核算基准的文献还很有限。

二、碳排放权交易及其协同效应的研究

（一）碳排放权交易的提出与内涵

碳排放权交易的理论根源可以追溯到科斯 1960 年提出的产权理论，即通过产权的确定使资源得到合理的分配，避免准公共物品的"公共地悲剧"（Caciagli，

2018；Zhao et al.，2016）。碳排放权交易的概念真正起源于 20 世纪经济学家提出的排污权交易，排污权交易是市场经济国家的重要环境经济政策，美国国家环保局首先将其应用于大气污染和河流污染的管理。

事实上，在碳交易体系诞生前，排放权交易就已经在美国的酸雨计划中取得了成功，即有效减少了二氧化硫的排放（Jiang et al.，2016）。20 世纪 90 年代的国际气候谈判在设计减少温室气体排放的方案时，将碳交易体系作为一种降低减排成本、提高减排效率的市场手段引入（方恺等，2018）。此后，德国、澳大利亚、英国等也相继实施了排污权交易的政策措施。1997 年 12 月《京都协定书》获得通过并于 2005 年 2 月正式生效。目前，《京都议定书》有 192 个缔约方。其通过使工业化国家和转型经济体承诺根据商定的具体目标限制和减少温室气体（GHG）排放，落实《联合国气候变化框架公约》。其中，最主要的方式之一就是碳排放权交易机制。之后，碳排放权交易市场机制被世界各国视为实现碳减排的最佳政策工具（沈满洪等，2011；石敏俊等，2013）。在中国，正式将"碳达峰碳中和"列入重点任务是在 2020 年的中央经济工作会议上，在此之前，中国经济的发展对生态环境产生了一定的影响，加之中国碳排放权交易起步较晚，规模受限（付晓雨，2022），因此解决环境污染与气候变暖已迫在眉睫。2002 年至今，中国碳排放权交易及碳排放权交易市场大致经历了理论分析、地区碳排放权交易试点、全国统一碳排放权市场建设三个历程（杨文琦等，2023）。2011 年，中国正式启动了首批碳排放权交易试点，此举为推进中国碳排放权交易市场建设、健全全国碳排放权交易市场制度体系提供了经验借鉴与实践先导，在遏制碳排放上借助市场机制成为助力中国在绿色可持续发展领域的重大创新，同时有力支撑了中国的绿色转型发展与"双碳"目标的实现（蔡军、吴薇，2024）。2013 年起，七省市试点碳市场陆续开始上线交易。2017 年末，《全国碳排放权交易市场建设方案》印发实施，要求建设全国统一的碳排放权交易市场。

（二）碳排放权交易机制的相关研究

碳排放权交易机制本质上属于环境政策。中国环境政策还处在一个动态发展的过程中，初期的环境管制方式以命令式为主，即主要依赖政府对排污企业进行强制约束。命令式环境管制存在成本较高和效率较低的缺陷，因此不利于受管制企业的生产经营。具体来说，强制性的环境法规导致企业关于污染控制等方面的环境成本增加（Liu et al.，2018），挤占了部分研发投资，导致可流动资金减少，从而降低了企业创新能力和竞争力，最终造成企业业绩下降（Yuan and Xiang，2018；Ouyang et al.，2020）。遵守命令控制型环境规制的企业，不仅增加了环境成本方面的支出，而且提高了企业内部一些已发生环境事故的揭露概率，这些因素使企业环境评级下降的可能性增加，于是企业价值在负面声誉的影响中骤降（Darnall，2007）。通常，对于环境规制更为敏感的重污染企业来说，强制性的环境规制降低了整个行业内的平均投资效率，很难达到波特假说中环境效益与经济效益双赢的局面（许松涛、肖序，2011）。在中国引入新的排污权交易制度——碳排放权交易机制之前，大部分企业通过清洁生产机制项目（CDM 项目）进入国际碳金融市场以获取收益。自 2013 年各试点地区陆续实施碳排放权交易机制，中国的市场激励型环境规制进入了一个新的发展时期，"市场之手"的力量逐渐强大。企业开始综合考虑碳排放权交易机制。He 等（2022）证实企业股票收益率会伴随碳配额的交易价格升高而提高。随着各国碳市场的发展趋于成熟，一些地域针对性的研究也逐渐增多。Wang 和 Zhou（2014）分析了碳排放强度影响企业价值，认为企业参与碳排放权交易可以减弱企业自身碳排放强度。刘源和温作民（2023）基于沪深 A 股上市企业数据样本，实证检验了碳排放权交易对制造业企业末端治理型、清洁生产型和能源节约型绿色技术创新的影响，发现碳排放权交易政策的实施可有效推动其创新。王丹丹和杨勃（2024）基于市场逻辑视角，以六大碳排放权交易试点省市的控排企业为研究样本，探索了碳排放权交易制度对控排企业绿色技术创新的驱动机制，发现碳排放权交易制度通过倒逼机制、激励机制、赋能机制显著促进了控排企业绿色技术创新。李露茜等（2024）基于重污染行业上市企业数据，以碳排放权交易试点政策为准自然实验，从外部压力和内源动力两个渠道分析了碳排放权交易试点政策对企业绿色技术创新活动的影响，发现碳排放权交易制度显著促进了企业的绿色技术创新。在碳市场交易价格方面，廖志高等（2022）通过对传统碳排放权评估方法的适用性进行分析，引入碳排放配额中的公平原则提出改进碳排放权价格的影子价格模型，并以湖北省碳排放交易市场为例，对碳排放权价格进行预测。曾诗懿（2024）通过实证研究发现能源价格对碳价的影响最为显著，空气质量指数对碳价的影响最不显著。宋容容和陈勇明（2024）以全国部分碳交易点和碳交易试点为研究对象，基于外部性理论、产权理论、环境金融理论分析碳交易价格的理论影响因素，发现碳交易价格受市场中动力煤价格、上证指数负向影响，受欧盟碳期货价格、空气质量指数、天然气价格正向影响。

（三）减污降碳协同效应的相关研究

协同效应是指因协同作用而产生的结果，是指复杂开放系统中大量子系统相互作用而产生的整体效应或集体效应（张延颜，2023）。"碳污同源"使实现减污降碳协同增效具有可行性（陈晓红等，2022；吴雪萍、邱文海，2024；赵曼仪、王科，2024）。2020年12月，中央经济工作会议首次提出减污降碳协同，之后，在2022年10月中国共产党第二十次全国代表大会上，习近平总书记再次对减污降碳协同作出重要部署，同时提出"统筹产业结构调整、污染治理、生态保护、应对气候变化，协同推进降碳、减污、扩绿、增长，推进生态优先、节约集约、绿色低碳发展"。其间，不乏有学者将该主题与碳排放权交易市场结合起来进行深入研究。其中，陆敏等（2022）以碳排放交易机制为政策背景，将二氧化碳减排与环境污染治理纳入同一研究框架中，运用双重差分模型与合成控制法实证检验碳排放权交易机制的减污降碳协同作用。此外，在减污降碳协同效应方面，Li 等（2021）估算了二氧化碳（CO_2）与大气污染物［包括二氧化硫（SO_2）、氮氧化物（NO_X）、粉尘污染物（Dust）和颗粒物（$PM_{2.5}$）］之间的协同减排关系，发现二氧化碳和大气污染物通过碳排放交易体系协同减排，其中 CO_2 和 SO_2 的协同减排效果最为显著。Zeng 等（2022）基于 Kaya 常数方程和 LMDI 分解模型，构建了交通尾气环境负外部性排放的协同减排效应模型，分析了大气污染与碳排放之间的协同减排影响和间接驱动因素，发现协同效应的驱动因素主要是能源效率和产业结构。陈晓红等（2022）基于中国工业行业省际面板数据运用固定效应模型、并行多重调节模型分析工业减污降碳协同效应及其影响机制。Jin（2023）利用面板数据和时变差分法，实证分析了建立大数据综合试验区对空气污染物和碳排放的影响，发现此类试验区抑制了污染和碳排放，具有减污降碳协同作用，且政策效果可持续。Wang 等（2024）应用空间杜宾模型差分技术，通过实施低碳城市试点政策，研究了空气污染和碳减排的协同效应，揭示了"共生"碳排放和空气污染集聚的空间特征。

（四）碳排放权交易机制及其协同效应的研究

许多学者从不同角度对碳排放权交易与减污降碳协同的关系进行了研究，其中，叶芳羽等（2022）利用中国地级及以上城市的面板数据，采用双重差分模型评估了碳排放权交易政策的减污降碳效应，研究发现，碳排放权交易政策能够显著降低 CO_2 排放量和大气污染物浓度，表现出明显的减污降碳协同效应。Chen 等（2022）以碳排放交易体系的实施为切入点，利用 DID 模型探讨了碳排放交易体系对空气污染和碳排放的协同减排效应及其机制，发现碳排放交易的实施不仅显著减少了 CO_2 排放，还协同实现了空气污染物的减少，协同减排效果主要是通过协同减少 SO_2 来实现的。Li 等（2023）基于中国地级市面板数据，使用 DID 模型实证检验了碳排放权交易体系对碳排放和空气污染的协同效应，同样发现该方案对碳排放和空气污染具有显著的协同效应。丁丽媛等（2023）基于中国省际面板数据，使用双重差分法分析了碳排放权交易试点政策的协同作用，并通过中介效应模型检验了其影响机制，发现碳交易试点具有显著的减污降碳协同效应，且 CO_2 与 SO_2 的协同控制效果最显著，但政策效应的持续性有待增强。朱思瑜和于冰（2023）基于污染治理和政策管理的双重视角，采用多时点 DID 模型分别检验了排污权交易和碳排放权交易的减污降碳效应，并在此基础上，研究三种政策情景（排污权交易、碳排放权交易及组合政策）下的协同减排效应差异，最终发现从污染治理视角来看，排污权交易和碳排放权交易均显著降低了 SO_2 和 CO_2 排放量，实现了减污降碳的协同效应；从政策协同管理视角来看，在减少 SO_2 污染方面，组合政策比各类政策的单独实施更有效；在降低 CO_2 排放方面，碳排放权交易比排污权交易和组合政策更有效。Zhang 等（2023）通过利用省际面板数据和双重差分法，同样发现中国的碳排放交易体系实现了污染控制和碳减排的协同治理效应且在全要素生产率较高、行政干预较强的地区，该政策可显著增强协同治理效应。Chen 等（2024）评估了碳排放权交易对 CO_2 和不同污染物协同减排的影响，并分析了该政策对周边地区协同减排的影响，结果发现，碳排放权交易可以促进 CO_2 和污染物的协同减排，包括空气污染物（SO_2、$PM_{2.5}$）、废水和固体废物，并且可以提高周边地区 CO_2 和空气污染物的协同减排效果。

三、碳排放转移及其协同效应的研究

（一）碳排放转移的提出与内涵

2007 年，联合国政府间气候变化专门委员会（IPCC）在其相关文件中定义了"碳泄漏"，即在只有部分成员参与的国际协议下，承担减排义务的国家采取的减排行动导致无减排义务国家排放增加的现象，其主要表现形式是碳密集型产业在减排国与非减排国之间的地域转移。然而，碳转移是指由各国气候政策差

异、生产要素价格或产业分工等一些与气候变化无关的因素导致的产品生命周期中的全部隐含碳[①]通过经济活动发生的排放转移，包括经济系统中的碳排放转移及森林生态系统中的碳生物转移。因此，从内涵来看，通常认为碳排放转移是区域间碳泄漏的具体表现形式，是指由于一国或地区实施减排政策而导致的该国或地区以外的国家或地区的温室气体排放量增加的现象。基于这一内涵，Sun（2016）及孙立成等（2018）分别以投入产出理论为指导，从区域和产业角度界定了碳排放转移的内涵，即一国或地区产品或服务的生产地与消费地相分离而出现的 CO_2 排放在空间上发生变化。

（二）碳排放转移的相关研究

研究区际碳转移时空格局演化规律和内在驱动机制，探究针对性碳转移优化调控方案，对提升区域整体碳减排效率和经济生态综合效益具有重要的现实意义，近年来引起了国内外学者越来越多的关注，逐渐成为可持续发展和生态领域研究的热点问题之一。

回顾以往文献，学者大多从时间和空间两个维度展开探讨，空间维度主要涵盖了对不同国家的国际贸易，同一国家内部不同省份及区域，不同产业、行业之间碳转移的研究。其中，从国际贸易的碳转移情况来看，李晖等（2021）基于全球视角，通过构建包含 185 个国家和地区在内的全球贸易隐含碳净转移空间关联网络，综合研究了全球贸易隐含碳排放网络全局性演化特点及网络板块角色功能特征，发现全球贸易隐含碳净转移网络连接密切，空间关联溢出效应显著，网络核心边缘结构清晰。刘竹等（2023）通过构建二氧化碳排放清单和多区域投入产出表，定量估计了全球 140 个国家和地区在研究期内全球贸易中的隐含碳排放，发现研究时段中各国间的碳排放交换关系进一步得到提升，隐含碳排放规模同样

[①]　隐含碳是指为得到某种产品，而在产品整个生产链中所排放的 CO_2。隐含碳排放包括生产过程中直接和间接的碳排放。

不断扩大。邢贞成等（2023）利用多区域投入产出模型追踪国际贸易引致的碳排放和增加值转移，并基于二者的净转移关系，应用距离评价方法构建区域间碳转移不公平性指数，分析了全球贸易碳不公平性的静态分布特征和动态演化趋势。韩田和荣红（2024）基于全球化时代中印双边贸易带来的两国各自引致的隐含碳转移对未来双边贸易隐含碳排放治理的角度，研究了在双边贸易中导致中国隐含碳转移增加的主要因素，研究发现，在中印双边贸易引致的隐含碳转移中，中国承担的碳转移远高于印度，且规模效应是推动中国承担隐含碳转移增加的主要因素。从各产业部门的碳转移情况来看，李平星和曹有挥（2013）指出，产业转移推动了核心区和外围区的碳排放强度降低，产业转移引起的各地区产品结构和碳排放强度变化与碳排放格局变化具有较大关联性。肖雁飞等（2014）运用投入产出表对中国八大区域间产业转移规模、流向进行测算，认为产业转移不是导致碳排放转移的必然结果，关键是转移产业选择及转移过程中的产业调整与升级。现有对中国各产业部门之间的碳排放转移路径进行研究的文献多利用 IOA 或 LCA。有学者利用 IOA 进行了相关研究，如黄宝荣等（2012）基于 IOA 分别从直接与间接视角考察了国民经济部门的能源消耗特征，并测算了国内外贸易隐含能源消耗。Chen 等（2021）基于经济投入产出生命周期评价模型（EIO-LCA）识别与量化了各产业部门在经济活动中的能源消费碳排放转移。从行业间的碳转移情况来看，Sun 等（2020）结合政府减排政策和低碳市场的影响，分析了供应链内企业之间的碳排放转移和减排问题，发现减排技术的滞后时间和消费者的低碳偏好对制造商的碳排放转移水平有积极影响，但对供应商的承诺水平无影响。魏咏梅等（2023）以碳达峰为总量目标，对电力行业开展自上而下的省域碳配额分配研究，在考虑了电力流动的基础上通过构建基于熵权法 - 三阶段 DEA 与 ZSG-DEA 相结合的公平与效率兼顾的分配模型，以 2030 年碳达峰为例研究电力行业碳配额分配结果。王志强等（2024）以中国建筑业为研究对象，在考虑历史碳转移量和兼顾公平与效率的基础上，构建了 XGBoost- 熵权法 - 零和博弈数据包络分析的碳配额分配模型，并根据 2030 年碳达峰目标对中国 30 个省份的建筑业进行碳配额分配。从区域间碳转移情况来看，孙立成等（2014）利用投入产出表，测算了中国省际区域碳排放转入总量和转出总量，结果表明，中国省际区域间碳排放转移总量较大，碳排放转移净值为正的地区主要分布在广东、浙江等发达地区，而碳排放转移净值为负的地区主要分布在贵州、云南等欠发达地区，中国区域碳排放转移存在于各省级区域之间。Li 等（2023）通过多区域投入产出模型，揭示了隐含碳排放的新特征，并应用结构分解分析反映了隐含排放模式变化背后的主要驱动力。武祯妮等（2024）基于多期差分模型和空间差分模型，评估了碳交易试点政策实施对本地和邻地碳减排产生的直接影响和溢出效应，并进一步从现实角度出发，分析并佐证了碳交易试点政策是引起试点地区向其他非试点地区转移隐含碳排放责任的驱动因素。Yu 等（2024）通过混合地理和时间加权空间相互作用面板回归模型，调查了数字经济发展对中国省际碳排放转移的时空影响，发现中国省际碳排放转移具有明显的不对称和不平衡特征。

（三）碳排放转移及其协同效应的相关研究

当前学界对碳转移的研究重心聚焦排放核算、特定行业、责任界定及其驱动因素等关键领域，以上研究共同构建了对碳转移问题深入探索的基础框架。准确核算中国的 CO_2 排放量是测算碳转移量的第一步，Shan 等（2018）将中国 47 个部门的 17 种化石燃料排放清单统一格式，为中国进一步测算省际碳转移量和制定减排政策提供了数据支持。此后，学者在电力（柳君波等，2022）、水泥（Liu et al.，2015）、建筑（王志强等，2024）、交通（杨青等，2024）等特定工业行业及农业（于卓卉、毛世平，2022）测度碳转移数量和空间转移方向，其中有进一步考虑碳转移对省域碳配额分配的研究（魏咏梅等，2023）。学者普遍意识到在控制减排幅度、预留新增配额的同时，省际贸易中存在"搭便车"权责问题和碳不公平现象（陈晖等，2020），于是 Cucchiella 等（2018）、Zhou 和 Wang（2016）

提出还需明确控排责任。具体而言，在考虑历史碳转移量和兼顾公平与效率的基础上，根据能耗结构和排放程度承担"共同而有区别"的责任（吴凤平、韩宇飞，2023）。李国志和李宗植（2010）、Shahbaz等（2016）证实碳排放转移与经济增长、城市化进程之间存在明显的倒"U"形环境库兹涅茨曲线。此外，环境规制与净碳流出呈负相关，而产业结构、能源强度、外资规模和城市化均对碳转移作出了贡献，促使省际碳排放转移呈现差异化转移趋势（Wang et al.，2019）。

学者关于碳排放转移及其降碳、减污、扩绿、增长协同效应的研究主要涉及单一研究视角、协同效应与路径探究等方面。多数学者是从碳排放权交易（Chen et al.，2019）、环境保护税（刘亦文、邓楠，2023）、市场机制与行政干预（吴茵茵等，2021）等政策评估角度，或是从企业微观（孙健、莫君媛，2022）、环境制度（Chen et al.，2019）和资源禀赋（刘平阔等，2024）等视角进行效应研究。学者普遍从政策导向、目标指引、市场调节等路径进行探究。首先，环境保护税和碳交易政策的实施不仅能刺激企业加大研发投入力度，还能显著提高绿色技术创新水平、提高能源利用效率（程郁泰、肖红叶，2023）、优化产业结构（罗良文、雷朱家华，2024）、降低碳排放强度（张瑜等，2022），更能显著产生降碳、减污、扩绿、增长的四重红利效应。其次，"双碳"目标在实现过程中，显著提升了减污与降碳的双重效益，展现出强大的协同效应与增效作用（王慧等，2022）。最后，碳价格处于失灵状态，单纯依赖市场调节手段仅能部分发挥作用。为有效增强减排效果，亟须将行政调控与市场机制有机结合，协同推动减排目标的实现（赵帅、何爱平，2023）。

四、文献述评

通过对国内外相关文献进行回顾梳理可以发现，国内外学者对碳排放权交易、碳配额分配、碳排放转移等进行了深入研究，这为本书提供了丰富的支撑理论，但其仍有一些不足。

（1）在碳配额分配方面，多项研究结果均表明，各层级的节能减碳政策、措施均可产生可观的大气污染物减排和环境健康效益。当前，学者对于环境政策的减污降碳协同效应探讨包括碳交易、用能权交易、排污权交易、碳市场等内容。这些关于环境政策的减污降碳协同效应实证证明了减污降碳协同可行。然而，作为碳交易和碳市场建设的重要基础，当前对于碳配额减排效应的研究局限在降碳方面，碳配额的减污降碳协同效应如何尚未可知，碳配额政策实现降碳的同时能否降低大气污染物排放亦未可知。当前研究关于碳配额的减污降碳效应尚未达成共识，并且忽略了碳排放与污染物之间的"协同"关系。

（2）在碳排放权交易方面，多数学者主要就减污降碳协同效应展开探讨，就减污降碳协同治理能否实现，以及实现的方法着重展开分析，但鲜有学者将减污降碳协同与碳排放权交易政策结合起来研究二者的联动关系，未量化研究减污降碳效应。同时，现有研究大多忽视了基于中国结构特点来揭示实现协同减排效应的深层关联机制。即便不少学者对碳排放权交易政策展开效应评估，但其研究对象也仍是碳排放量，并未考虑该政策对污染物排放产生的影响，缺乏对环境保护和气候治理的整体分析。此外，现有关于碳排放权交易政策对减污降碳协同效应影响的研究大多基于省际层面或区域城市层面，将包括试点城市及全国大部分城市作为研究对象的文献研究较少。

（3）在碳排放转移方面，一方面，当前碳转移研究聚焦产业转移、能源结构、发展趋势等单一内容，缺乏碳转移的多方位作用机制梳理和系统性分析框架建构。受限于投入产出表的时效性和数据获取难度，当前多数研究倾向采用2015年或更早年份的单一数据点进行核算分析，导致对近年来国内贸易中碳转移最新趋势和特征的捕捉存在滞后性。另一方面，多数研究仅从碳排放权交易政策的研究视域评估碳转移效果，较少从省际碳转移视角分析其产生的红利效应。

鉴于此，本书将从一个新的角度出发，结合国内外学者的观点，从产业、市场、区域等多个层面，在考虑碳配额分配、碳排放权交易及碳转移的基础上，通过跨学科、多层次考察碳配额分配、碳排放权交易及碳排放转移的减污降碳协同作用机制与实现路径，为协同推进降碳、减污、扩绿、增长提供理论参考和决策依据。

第三节　研究思路与研究内容

一、研究思路

深入研究碳配额分配、碳排放权交易市场机制、碳排放转移，对推进中国碳排放权交易市场建设具有重大意义。降碳、减污、扩绿、增长协同也意味着要统筹好发展与生态环境保护的关系，协同推进经济高质量发展与生态环境高水平保护，构建绿色低碳发展新格局。然而，在碳达峰碳中和与美丽中国建设两大战略任务约束下，碳排放权交易市场机制与减污降碳协同治理存在怎样的关系？如何优化技术路径，完善政策机制从而有效利用碳排放权交易市场体系协同推进降碳、减污、扩绿、增长？如何推动清洁空气与碳达峰碳中和措施协同发力？这些问题都值得深入探讨。本书尝试以中国碳排放权交易市场机制为出发点，以中国碳排放为主线，通过综合应用经济学理论与数理统计学方法将碳配额分配、碳排放权交易与碳排放转移进行深层次逻辑与关联机制分析，以及对减污降碳协同效应产生机制的检验来回答上述问题。重点解答当前中国碳排放的特征与演化趋势是什么、当前中国针对碳配额分配方案的设计是什么、当前中国碳排放权交易深层次逻辑是什么、中国省际碳排放转移的特征与演化趋势是什么、如何衡量和预测产业（部门）碳配额的分配并优化其碳配额分配方案、如何有效利用碳排放权交易促进减污降碳协同增效、如何测算碳排放转移并激发其中的多重红利效应等问题。本书将按照"理论逻辑—研究设计—作用机制—实现路径"的思路，通过综合运用低碳经济理论、碳配额理论、要素禀赋理论、减污降碳扩绿增长理论、熵值法、ZSG-DEA 模型、碳交易模型、减排成本模型、碳排放转移核算模型、灰色关联模型、时空地理加权回归模型等基本理论与模型，从理论和实证角度针对中国碳排放配额分配方案设计、碳排放权交易的内在机制、碳排放转移的演化趋势及协同效应展开研究，最终探寻能够满足兼顾效率与公平且适用于中国产业与行业特征的碳配额分配方案，能够助力碳排放权交易改善减污降碳协同治理的机制设计，以及准确测算碳排放转移并促进其激发降碳、减污、扩绿、增长效应的策略规划。研究思路见图 1-1。

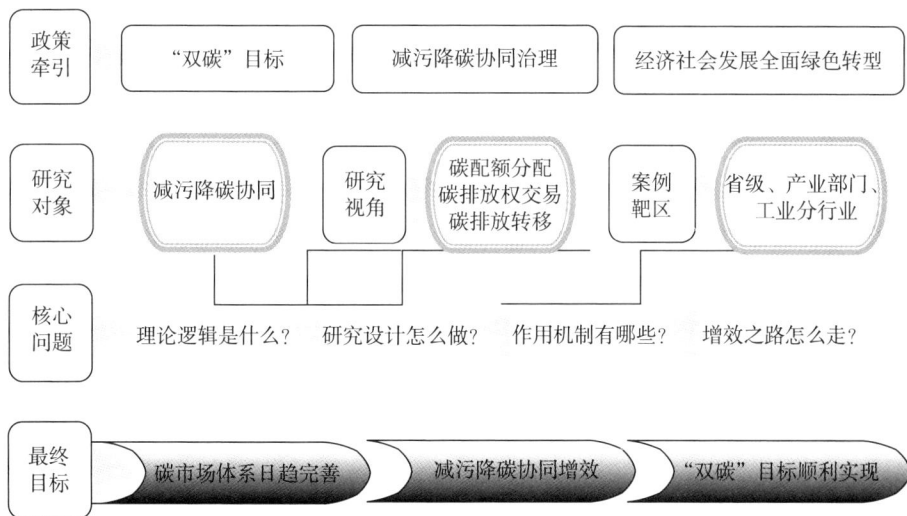

图 1-1 研究思路

具体而言，首先，对国内外关于碳配额分配、碳排放权交易、碳排放转移及其协同效应的文献进行梳理，总结归纳出相关理论基础，进行相关概念的界定，探寻研究对象的测算方法。其次，针对碳配额、碳交易、碳转移及其协同效应展开深入研究。在碳配额方面，本书分别从中国产业部门、工业分行业的视角进行碳配额分配研究，设计出基于公平、效率和综合原则的碳配额分配方案，并对碳配额的减污降碳协同效应进行实证考察；在碳交易方面，分析了碳排放权交易对试点地区减污降碳协同治理水平的影响及其机制；在碳转移方面，本书基于中国省际层面构建了碳排放转移核算模型分析省际碳转移，预测了碳转移中的"降碳减污"和"扩绿增长"的协同潜力，并利用时空地理加权回归模型考察了碳转移的四重红利效应。最后，根据研究结论针对如何制定相关部门的碳配额分配政策，如何推进碳市场体系下的减污降碳协同增效，如何持续有效利用碳转移持续有效激发降碳减污和扩绿增长协同潜力提出了对策建议。

二、研究内容

加快节能减排步伐，实现经济社会全面绿色转型发展是缓解中国经济稳定增长与严峻的环境污染、生态破坏之间矛盾的有效途径。为此，本书以推动实现"双碳"目标为出发点，以减污降碳为主线，按照"理论逻辑—方案设计—作用机制—实现路径"的研究思路，逐步展开研究内容，具体的章节安排如下：

第一章通过对国内外关于碳配额分配、碳排放权交易、碳排放转移及其协同效应文献的梳理，提出本书要解决的一系列问题，即当前我国碳排放的特征与演化趋势是什么？当前我国针对碳配额分配方案的设计是什么？当前我国碳排放权交易深层次逻辑是什么？我国省际碳排放转移的特征与演化趋势是什么？如何衡量和预测产业（部门）碳配额的分配并优化其碳配额分配方案？如何有效利用碳排放权交易促进减污降碳协同增效？如何测算碳排放转移并激发其中的多重红利效应？针对这些问题，本书在后续章节采用文献分析法、数量经济法、计量研究法等试图进行解答。

第二章针对碳排放、碳配额、碳排放权交易、碳转移及减污降碳协同效应进行了概念界定，并进一步对与本书研究内容相关的低碳经济理论、碳配额理论、协同效应理论及要素禀赋理论进行了阐述，在深刻把握碳排放权交易机制及碳排放的外部性特征的基础上，系统分析了碳配额分配、碳排放权交易以及碳排放转移之间的内在逻辑，对全国统一碳排放权交易市场下碳配额分配、碳排放权交易及碳排放转移影响低碳减排的机理进行了理论阐释。

第三章探讨了中国的碳排放现状以及在碳减排方面的工作进展，并在此基础上构建了包含政府、企业、银行在内的三方演化博弈模型，从政府、企业及银行三个层面深入探究了碳排放权交易机制下低碳减排的多方协同机制。

第四章分别研究了中国产业部门及工业分行业的碳配额分配，从产业部门视角，以 2025 年碳排放总量控制为约束目标，综合运用 ZSG-DEA 模型、熵值法等设计了基于公平、效率和综合原则的碳配额分配方案。从工业分行业视角，利用"十四五"时期和 2030 年的投入产出数据预测值，运用 ZSG-DEA 模型、熵值法等设计了碳配额的公平、效率和综合分配方案，对比分析了碳配额分配方案的公平性和效率性，并进一步运用非径向方向性距离函数对碳配额的减污降碳协同效应进行了实证分析。

第五章针对碳市场下的碳排放权交易及其减污降碳协同效应展开探讨，具体运用双重差分法检验了碳排放权交易对试点地区减污降碳协同治理水平的影响，在此基础上结合中介效应模型分析了其中的影响机制，并利用灰色关联分析衡量了不同试点地区的碳污协同减排潜力。

第六章基于多区域投入产出模型（MRIO）测算了中国部分省份的碳排放量和碳转移量，并采用熵权 -TOPSIS 法测算了相关省份的环境污染指数，结合灰色关联模型分别预测了"减污降碳"和"扩绿增长"的协同潜力，最后通过构建时空地理加权回归模型分析了碳转移的四重红利效应。

第七章对本书的研究结论进行了总结，分别从构建公平高效的碳配额体系、优化工业行业碳市场逐步扩容策略、加强碳市场深化与区域合作协同、深化精准政策引导与减污降碳协同四个方面提出了相应的政策建议，以期为健全我国的碳排放权交易市场制度体系、稳步提升碳市场发展质效、扎实推进减污降碳协同治理工作提供理论依据和对策途径。

第四节　研究方法与技术路线

一、研究方法

（一）理论研究部分

本书使用文献研究法在系统梳理国内外相关文献的基础上，以有关碳排放权交易、碳配额分配、碳排放转移及其协同效应的最新成果为研究起点，运用实证分析法探究了碳排放权交易、碳配额分配及碳排放转移的作用机制及协同效应的产生机制，并在此基础上结合相关经济学理论进行理论推理，为数理模型的建立提供理论基础。

（二）实证分析部分

在机制分析的基础上，利用数理统计学方法构建理论模型。首先，应用双重差分法和中介效应模型实证检验了碳排放权交易对试点地区减污降碳协同治理水平的影响；其次，采用时间与空间演化相结合的分析方法，通过设置不同情景，构建动态的市场交易模型，分别针对碳配额效率分配结果及碳交易的总减排成本效应变化进行了量化评估和分析；最后，通过构建碳排放转移核算模型分析了中国省际碳转移情况，并利用时空地理加权回归模型针对碳排放转移的多重效应进行了全面且系统的研究。

（三）政策研究部分

在理论与实证研究的基础上，分析了碳排放权交易、碳配额分配、碳排放转移及其多重效应的关键问题，从不同主体的角度提出优化中国碳市场体系、碳配额分配及碳排放转移的机制和细则，为积极平稳推进中国碳排放权交易市场建设提供参考。

二、技术路线

本书将中国碳排放权交易市场机制下的碳配额分配、碳排放权交易与碳排放转移及其协同效应纳入统一的研究框架，试图对其进行完整、系统的理论阐释和实证分析。本书遵循经济学方法论中"提出问题—分析问题—解决问题"的总体研究思路，并采用规范分析和实证研究相结合的方法针对碳排放权交易、碳配额分配及碳排放转移进行深入分析，重点关注中国碳配额分配、碳排放权交易、碳排放转移与减污降碳协同两者的作用机制和实现路径，并依次回答了"理论逻辑是什么？""研究设计怎么做？""作用机制有哪些？""增效之路怎么走？"等问题。技术路线如图1-2所示。

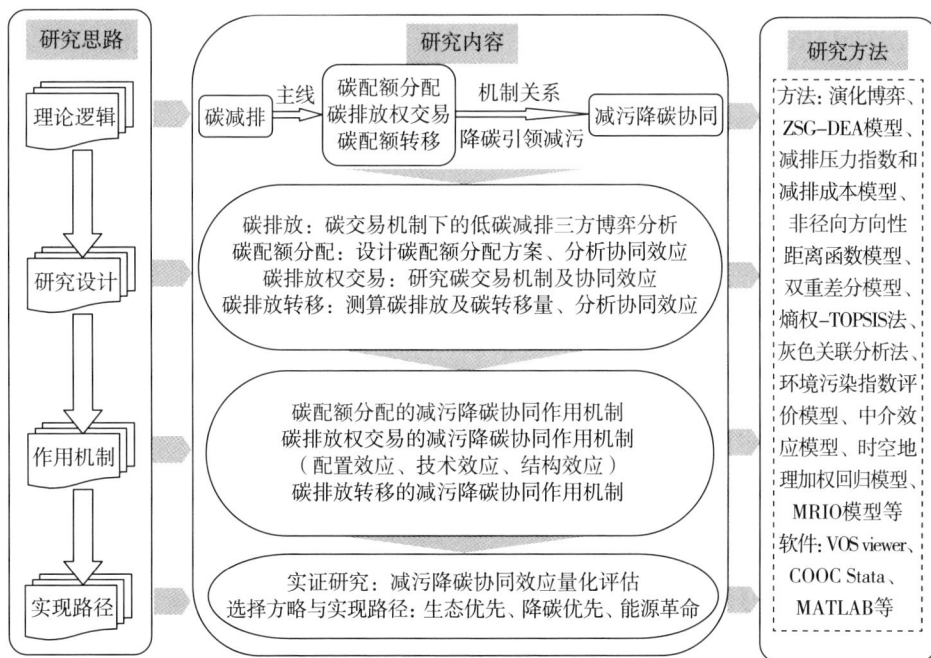

图 1-2　技术路线

第五节　研究创新

在理论研究方面，现有的碳配额研究主要集中于国家、省域或单一行业层面，忽视了"碳污同源"的特性，未揭示碳配额与减污降碳协同效应的内在联系，而减污降碳协同效应的相关研究多限于碳交易、用能权交易等视角，鲜少将碳配额与减污降碳协同效应相结合。本书从政府、企业与银行三方演化博弈视角探究了碳交易机制下中国低碳减排的协同机制，并基于产业部门、工业分行业视角分析了不同原则下碳配额的分配方案，将碳配额与减污降碳协同效应纳入同一分析框架，本书扩展了评价现有碳配额政策效果的研究方法和内容。

在实证研究方面，本书采取时间与空间演化相结合的分析方法。首先，通过设置不同情景定量分析了碳配额效率分配结果的影响。在此基础上，构建动态的市场交易模型，分析了碳市场规制碳交易的总减排成本效应变化，重新构建了以产出增量总和最大化为目标的市场交易模型以获得碳交易量数据，为全面客观评估不同原则分配方案的减排成本提供了一种分析方法。其次，本书运用投入产出表构建了省际碳转移模型，并对中国省际碳排放转移数量和转移方向进行测算。在此基础上，将碳强度与环境污染指数的交乘项作为减污降碳协同"双减效应"的代理变量、将城市绿地面积与绿色全要素生产率的交乘项作为扩绿增长协同"双增效应"的代理变量，实现了多重效应研究的全面性和系统性。

在应用研究方面，现有关于碳排放权交易与减污降碳的研究中，鲜有学者将减污降碳协同与碳排放权交易政策结合起来研究二者的联动关系，未量化分析减污降碳效应，缺乏对环境保护和气候治理的整体探讨，且忽视了基于中国结构特点来揭示实现协同减排效应的深层关联机制。本书通过对已实施碳排放权交易政策的试点地区开展减污降碳量化评估，衡量了试点地区的政策效应及减污降碳协同程度，不仅为相关研究提供了实证分析数据，也为完善碳排放权交易与减污降碳协同治理提供了中国经验。

第二章　理论基础与研究框架

明晰相关概念并综合运用相关理论对研究问题进行深入分析，是保证研究科学性和高质量的关键。通过理论的融合和交叉，可以丰富研究视角，增强分析深度。因此，为深入研究碳配额分配、碳排放转移与减污降碳协同作用的机制和实现路径，本章首先对碳排放、碳配额、碳转移、碳排放权交易和减污降碳协同效应相关概念进行了界定，其次对相关理论基础进行了阐述，以期为后文的研究奠定理论基础。

第一节　相关概念

一、碳排放

碳排放（Carbon Emission）是对温室气体排放的总称。《京都议定书》中定义的温室气体（Greenhouse Gases，GHG）主要包括二氧化碳、甲烷、氧化亚氮、氢氟氧化物、全氟碳化物和六氟化硫。根据联合国政府间气候变化专门委员会（Intergovernmental Panel on Climate Change，IPCC）2007 年的报告，CO_2 在全球温室气体中的占比最高，约为 76.7%。温室气体的排放一般是指 CO_2 排放或碳排放。目前，碳排放被视为造成全球气候变暖的一个重要因素。在学术界，关于碳排放的概念一直在更新，所以衡量碳排放水平的要素主要有碳排放总量、人均碳排放量、碳排放强度。碳排放量是指对已经确定的目标对象，在一定的时间内排放出 CO_2 的总量，其中包括能源的消耗、在工业中的消耗、城市基础设施建设及人类日常社会活动所形成的碳排放等。因此，碳排放受到多方面因素的影响，如表 2-1 所示。

表 2-1　影响碳排放的因素

影响因素	主要内容
经济发展水平和工业结构	经济发展水平越高，工业化程度越高，碳排放往往越多
能源消费结构	煤炭、石油等化石能源消费量越大，碳排放越高
技术进步	清洁生产技术的应用有助于减少碳排放
人口规模和城镇化水平	人口变化会引起碳排放强度的变化
气候条件	气温、降水等气候因素也会影响碳排放

工业革命后，人类技术水平的快速提升促使工业生产排放的 CO_2 与日俱增，导致温室效应问题越发严重，并将导致一系列后果，如两极冰川融化和全球平均海平面上升。根据 IPCC 的预测，到 2100 年，全球海平面可能上升 0.28~1.01 米。海平面上升不仅会淹没部分沿海地区，还会加剧海岸侵蚀，增加暴风雨和洪水灾害的风险，给沿海城市和岛屿国家带来巨大危害。此外，海平面上升还可能导致地下水咸化，危及淡水供给，并破坏沿海生态系统。此外，温室效应的加剧还会引发全球范围内的气候模式变化。一方面，热浪、干旱、暴雨、台风等极端天气事件不断增多，给人类生活和财产安全带来了严重威胁；另一方面，气候变化导致传统的气候模式发生改变，致使某些地区的降水和温度出现异常，严重影响了农业生产。这种异常气候不仅影响粮食供给，还可能引发区域性的水资源紧缺和生态破坏。碳排放的增加不仅影响气候，也会对自然生态系统造成严重

损害。温室气体排放导致的气候变化，使许多物种无法适应新的环境，导致濒危物种数量激增。同时，酸雨和污染物的排放也破坏了森林、湿地等脆弱的生态系统。生物多样性的丧失不仅影响了生态平衡，也威胁着人类的生存和发展。同时，发生极端天气事件的频率和强度也将持续走高。因此，缓解气候变化问题的关键之一是控制并降低温室气体的排放，首要任务便是控制并尽可能减少 CO_2 排放。

因此，本书主要从狭义层面来界定碳排放，指在人类社会生产和生活过程中，使用各类煤炭、原油及其他石油制品和天然气等能源消费产生的 CO_2 排放。

二、碳配额

碳配额是指在碳排放权交易市场中，参与碳配额交易的单位和个人依法获得，可用于交易和碳市场重点排放单位温室气体排放量抵扣的指标。由于"双碳"政策下国家对高碳排放行业企业的碳配额总量进行了限制，碳配额成为关键生产要素之一，其分配方式和分配额度等问题成为各界关注的重点。

在碳配额制度下，企业需要控制其温室气体排放水平，以确保其排放量不超过其拥有的碳排放权配额。如果一个企业的碳排放量超过其拥有的碳排放权配额，则需要购买额外的碳排放权或面临罚款等惩罚措施；反之，如果企业的碳排放量低于其拥有的碳排放权配额，则可将其未使用的碳排放权出售给其他企业或质押给银行。这种制度可以鼓励企业采取更加环保的生产方式和节能减排的措施，以达到碳排放减排目标，同时促进经济的可持续发展。

国际上常见的碳配额分配方式有无偿分配、拍卖和混合模式三种。中国碳配额的分配方式主要有两种：一是免费分配，即政府根据企业的历史碳排放量或生产能力等因素免费向企业分配配额；二是拍卖分配，即政府通过拍卖竞价的方式将碳配额分配给企业或行业。这种方法可以为企业提供经济激励，促使其主动降低碳排放。中国现阶段采取的分配方式为免费分配中的历史排放法与行业基准线法，是指政府按照一定的计量标准为不同企业制定并分配相应的免费排放额度，企业根据自身实际碳排放情况，选择在碳排放权交易市场中购买或出售碳排放权。

本书认为，碳配额是指个体或组织为了其生存与发展所需，根据自然法则或法律规定获得的向大气中排放一定量的温室气体的权利。这项权利本质上代表了对一定量气候环境资源的使用权。随着全球气候变暖问题日益严峻，气候环境资源不再被视为无限供应的，而是成为一种有限且珍贵的资源。

三、碳转移

碳转移即碳排放转移。广义的碳转移是指经济系统中的碳排放转移与森林生态系统中的碳生物转移；狭义的碳转移是指产品生命周期中的全部隐含碳通过经济活动所发生的排放转移。碳转移随着国家（地区）之间的产业需求与贸易分工，以及高碳排放的产业或产品（碳源）在区域之间的流动而形成。

对于碳转移的界定，国内外学者多从国际贸易和产业转移的角度进行分析。

从国际贸易的角度来看，碳转移是指具有环境比较优势的国家在出口贸易中为其他国家的生产生活而排放的 CO_2。碳转移隐藏在地区间进出口贸易中，根据两地区的贸易方向，碳转移存在碳排放转入和转出两个路径。因此，碳排放转入可以界定为商品或服务由本省份流到其他省份而形成的碳转移，其本质是商品或服务在生产活动中消耗了投入的能源所排放的 CO_2 由本省份承担，但该商品或服务是由其他省份的需求引起并最终被其他省份消费的。碳排放转出则是指商品或服务从其他省份流入本省份而形成的碳转移，即商品或服务在生产活动过程中所产生的碳排放由其他省份承担，但该商品或服务最终在本省份消费。净碳排放转入（出）则是碳排放转入（出）与碳排放转出（入）的差值。

从产业转移的角度来看，碳转移是产业承接区在承接产业转移的过程中，由区域分工地位与生产结构的变化引致的。某地区在进行出口贸易和产业转移的过程中会伴随大量的能源消耗和碳排放，表面上看是为了出口和转移产业而产生碳排放，实际上则是为了承接地的生产生活而产生的碳排放，最终使该地区承载了更多的隐形能源消耗和碳排放转移。

四、碳排放权交易

基于 Coase（1960）的产权理论及 Dales（1968）的排污权交易观点，碳排放权交易从一个理论构想转化为实际的政策工具。碳排放权交易应对的是环境的外部性问题，如"公共地悲剧"和"搭便车"现象。

2014 年出台的《碳排放权交易管理暂行办法》明确对碳排放权的概念进行了解释："碳排放权是指依照相关规章制度获得的将二氧化碳排放到空气中的一种权利。"碳排放权交易则是对这种排放权利进行买卖交易，其作为排污权交易的一种扩展，旨在界定并内部化企业的碳排放外部性成本。这种基于市场的策略与传统的命令和控制策略截然不同。此策略强调政府不直接干涉企业，而是通过市场信号驱使企业采取减排行动。

碳排放权交易政策是指在政府的推动下，为控制温室气体的排放量而建立一个碳排放权交易市场，由政府确定一些试点企业加入碳排放交易市场，并设置总体减排任务，然后将根据每个企业的历史排放量等计算出的碳配额分配到各个企业中。政府将碳排放量作为一种商品在碳排放交易市场中进行买卖等交易，要求各试点企业按照政府的要求严格执行减排任务，如果企业的实际碳排放量和政府分配的碳配额有差距，那么相差的这一部分可在碳排放权交易市场中自由交易。

一方面，当企业的总排放量超出政府分配的碳配额时，如果企业想要继续排放温室气体，就可以在碳排放权交易市场中购买碳配额以满足自己碳排放量的需求；另一方面，政府分配的碳配额超出企业的总排放量，企业可以将剩余的碳配额在碳排放权交易市场中出售。因此，企业为达到一定的要求，会以减排为主要目的，从而发掘出企业更多的减排潜力。具体的概念模型如图2-1所示。

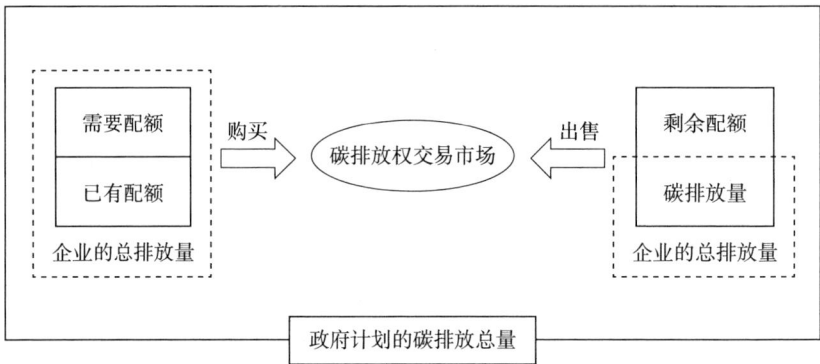

图2-1　碳排放权交易的概念模型

由概念模型可知，高排放的企业可能需要在碳市场上购买额外的排放配额，而低排放的企业可以出售其未使用的配额。这种制度鼓励低成本减排的企业大幅削减排放量，而高成本减排的企业可能会选择购买配额来满足需求，以确保市场内所有企业的边际减排成本都相等。这样，整个市场能够以最低成本实现减排目标，并达到帕累托最优。对于参与碳市场的企业来说，碳排放权交易提供了明确的减排激励，进而降低碳排放总量和碳排放强度。

在回顾和整理了国内外相关文献后，本书对碳排放权界定如下：第一，碳排放权交易的主体是指厂商及一些组织机构。第二，碳排放权交易的客体是指企业在进行生产经营活动时根据法律授权允许向大气中排放温室气体的额度。第三，从企业层面来看，如果一个企业属于高污染排放行业，当污染物排放量超出规定额度后，则需要在碳市场购买额外的许可额度以避免高额的罚款等惩罚；如果一个企业属于高新技术行业或低排放行业，多余的排放额度则可以通过在碳市场中出售以得到回报。第四，通过市场机制实现国家对温室气体排放的总量控制。

五、减污降碳协同效应

减污降碳的概念是 2021 年在全国生态环境保护工作会议上提出的，会议报告指出，减污降碳将是中国生态环境保护工作在新发展阶段面临的最大机遇，减污降碳是以降碳为目标的碳达峰碳中和工作和以减污为目标的"污染防治攻坚战"有效结合、协同进行的新时期环保战略目标。这意味着中国环境保护工作正式进入减污降碳协同开展的新阶段。此外，"污染防治攻坚战"是党的十九大报告中所提出的环境保护战略，此次会议发布了全国生态环境保护的纲领性政策文件——《关于全面加强生态环境保护坚决打好污染防治攻坚战的意见》，明确了打好污染防治攻坚战的时间表、路线图与任务书。总之，从减污降碳的内涵来看，可以分解为减少污染物排放和降低 CO_2 排放两个方面，是中国生态文明建设和生态环境保护的新目标。

协同效应（Synergy Effects）也被称为"1+1＞2 效应"，原本是用于描述一种物理现象或化学现象的，是指将两个或两个以上的物体组合或搭配在一起时，所产生的作用效果大于物体单独应用时的作用效果总和。20 世纪 90 年代，Ayres 和 Walter（1991）在对温室效应的研究中发现温室气体减排政策的实施会导致其他环境污染物排放量的减少，由此提出了"伴生效益"的概念。随着温室效应研究的深入，Pearce（1992）和 Barke（1993）在"伴生效益"的基础上进一步提出了"次生效益"的概念（Secondar Benefits），用于描述温室气体减排政策能够减少局地污染物排放及相应的污染损害。在"伴生效益""次生效益"等概念的基础上，2001 年，IPCC 第三次评估报告中首次出现"协同效应"（Co-Benefts）

一词，强调气候政策的制定所带来的非气候效益。此后，IPCC 第四次、第五次评估报告对协同效应赋予了更加丰富的内涵，认为大部分为减缓气候变化制定的政策也会考虑其他目标，如在制定温室气体排放政策时，会将经济可持续发展考虑在内。一项政策或措施的实施必定"事出有因"，而"因"是指该政策直接作用的方面，协同效应是相对于政策对直接作用对象产生的直接效益而言的，是指政策实施后产生的非意愿性的额外正向影响，是政策正外部性的体现。协同效应概念的扩展历程如表 2-2 所示。

表 2-2　协同效应概念的扩展历程

年份	概念扩展历程
1995	《IPCC 第二次评估报告》：协同效应的概念最早起源于对温室气体排放和增强碳汇的次生效益的评估。定义"次生效益包括和温室气体共同产生的其他污染物的减少和生态系统多样性的保护"
2001	《IPCC 第三次评估报告》：首提"协同效应"，是指"由于各种原因同时实施各项政策所产生的效益，同时承认大多数针对温室气体减缓而制定的政策也都有其他同等重要的理由（如与发展、可持续性和公平相关的各项目标）"
2007	《IPCC 第四次评估报告》：提到了将空气污染控制与温室气体减排结合起来的政策，指出在未来 10~20 年，减少碳排放 10%~20% 的措施同时减少 10%~20% 的 SO_2 排放及 5%~10% 的 NO_x 和 PM 排放
2014	《IPCC 第五次评估报告》：将"协同效应"重新定义为"在未考虑对总体社会福利的净影响情况下，为了达到某一目标的一项政策或措施可能对其他目标产生的积极效果"
2023	《IPCC 第六次评估报告》：提出许多温室气体和大气污染物源自共同的排放源，如化石燃料的燃烧，同时控制这些源头能够同时削减多种污染物和温室气体，实现减污降碳协同治理

资料来源：联合国政府间气候变化专门委员会。

　　减污降碳协同效应是指以改善环境质量为目的，采取针对某项污染物减排措施，同时也对碳减排产生正向效益的现象。本书将减污降碳协同效应定义为，政府部门通过制定、完善并实施环保法律法规，由政府、企业和公众多主体共同参与，对环境污染和碳排放行为进行约束，以实现环境规制体系更加完善和减污降碳协同增效。

第二节　理论基础

一、低碳经济理论

（一）低碳经济理论的发展

低碳经济理论最早可以追溯到 20 世纪 70 年代，当时一些国家开始关注能源危机和环境保护问题，提出了相关的政策和应对措施。1972 年，联合国在斯德哥尔摩召开了人类环境会议，提出了"人类环境宣言"，标志着人类开始认识到环境保护的重要性。此后，随着全球气候变化问题的日益突出，各国纷纷提出了应对气候变化的政策措施，低碳经济逐步成为主流经济发展模式。此外，著名的《罗马俱乐部报告》也呼吁在全球范围内建立一个新的经济增长模式。这些倡议都为后来低碳经济理论的发展奠定了基础。在这一阶段，各国政府和学者开始探讨如何建立一种新型的经济增长模式，以解决能源短缺、环境恶化等问题。这些思考和实践为后来低碳经济理论的形成及发展奠定了思想基础。

进入 20 世纪 90 年代，气候变化问题日益严峻，国际社会开始将目光聚焦到应对气候变化这个全人类共同面临的重大课题上。1997 年，《京都议定书》的签署标志着低碳经济理论进入了正式形成阶段。此后，一些发达国家和地区纷纷出台了相关的法律法规及政策措施，推动经济社会朝着低碳方向转型。在这一阶段，低碳经济理论的概念和内涵不断丰富和完善，包括能源结构优化、清洁生产技术、碳交易机制等诸多具体实施方案被提出并逐步付诸实践。各国政府和企业也开始从理念认知向行动实践转变，低碳经济发展开始成为一种新的社会共识。

进入 21 世纪，在气候变化、资源约束、环境污染等诸多挑战的推动下，低碳经济理论快速发展，理论内涵和实施路径不断拓展。一些新兴经济体和发展中国家也纷纷提出了低碳发展战略，并将其纳入国家发展规划。同时，各行业、各领域也开始积极探索低碳转型路径，低碳技术不断创新和应用。在这一阶段，低碳经济已经成为指导经济社会发展的重要理论范式，其内涵包括产业结构优化、消费模式变革、能源清洁转型等多个层面。各国（地区）政府出台了税收激励、碳定价等政策工具，企业也开始主动投入低碳技术研发和应用，并将低碳理念融入产品和服务设计。整个社会正在朝着低碳、绿色、可持续的方向不断迈进。

在一系列国际气候谈判和协议的推动下，低碳经济理论进一步得到了广泛认可和推广。越来越多的国家（地区）将低碳发展上升为国家（地区）战略，出台了一系列法律法规和政策支持措施。2015年，《巴黎协定》的达成更是给全球低碳转型注入了新的动力。企业也纷纷将低碳理念融入自身发展战略和运营管理。这一阶段，低碳经济理论已经成为引领经济社会发展的主流范式。各国政府将低碳经济作为应对气候变化、实现可持续发展的重要途径，相关的政策工具和实践案例也不断丰富和完善。同时，低碳技术的创新与应用也不断推动着整个社会的低碳转型。可以说，低碳经济理论已经深入人心，成为各界的共识和行动指南。

随着全球化进程的不断深入，低碳经济理论也呈现更加广泛和深入的全球化发展态势。各国政府通过制定国际公约、建立多边机制等方式，推动低碳发展理念在全球范围内的传播和实践。同时，一些国际组织也在促进全球性低碳转型。在这一阶段，各国（地区）在低碳经济发展实践中的经验交流和合作日益密切。一些国家（地区）率先在某些领域取得成功，其他国家（地区）也纷纷效仿学习。各类利益相关方，如政府、企业、非政府组织等，也在全球层面展开广泛合作，共同推进低碳转型。可以说，低碳经济理论已经成为全球性的发展理念和行动指南，各国正在积极探索如何在自身条件下实现低碳经济转型，最终达成全球性的低碳发展目标。

（二）低碳经济理论的主要内容

低碳经济就是经济增长与减少环境污染协同增长的过程。就环境问题而言，即消除经济增长过程中的环境负外部性。生产和消费环节均会产生环境负外部性。作为一种绿色发展模式的创新，在这一模式下追求投入较少的自然资源，排放较少的污染物，从而获得更多的经济收益。在可持续发展理论指导下，低碳经济通过各种方法和政策，如技术创新、完善政策体系、产业转型升级及可再生能源的开采与使用等，以减少煤炭和石油等碳密集能源的消耗，实现经济可持续发展和自然环境保护双赢的理想形态。其本质是提高能源利用率和使用清洁能源，核心是能源消耗的改革与创新、政策规制的实行及人类低碳环保观念的根本转变。低碳经济理论体系如图 2-2 所示。

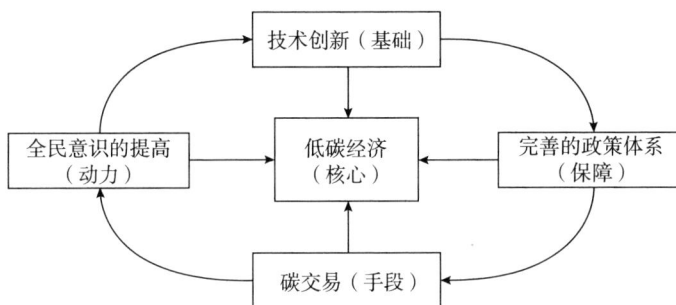

图 2-2 低碳经济理论体系

低碳经济的根本目标是实现经济发展与碳排放的双赢，即在确保经济持续增长的同时，大幅减少温室气体排放，从而应对气候变化带来的严峻挑战。具体而言，其目标主要包括：提高能源利用效率，扩大可再生能源在一次能源消费中的占比，推动产业结构优化升级，引导消费模式由高碳向低碳转变，最终实现碳排放的大幅降低。

由此可知，低碳经济理论主要包含五个方面的内容：一是从减少碳排放的角度来看，低碳经济是由高碳排放向低碳排放转变的经济发展模式，中国多年来一直致力于低碳转型，提出 2030 年前碳达峰，2060 年前碳中和的目标并努力完成。二是从能源消费结构的角度来看，低碳经济促进中国能源消费结构优化升级，可再生能源的使用占比应增多，加大可再生能源的使用力度。三是从产业转型升级的角度来看，加快中国大数据、智能制造和 5G 先进技术与传统制造业的融合创新，提升传统制造业的生产能力和生产效率。四是从消费理念的角度来看，低附加值的产品生产和消费需求是企业高碳排放的重要驱动力。五是从政策规制和技术创新的角度来看，低碳经济需要技术创新提供动力，技术创新提高效率并降低成本，而技术创新必须在政策制度的保障和支持下才能得到有力的推广和应用。

二、碳配额相关理论

（一）公共物品理论

早在 18 世纪，英国经济学家大卫·休谟就提出公共物品的相关概念。公共物品是指那些具有公共性的事物，其既具有非排他性又具有非竞争性。非排他性是指一旦公共物品提供出来，任何人都不可能阻碍别人消费它，即使有些人想独占但在技术上也是不可行或不值得的。1954 年，萨缪尔森等在《公共开支的纯理论》中给出了非竞争性的含义，非竞争性是指每个人对该物品的消费并不会让其他人对这个物品的消费减少，即人与人之间消费该公共物品的利益无关。公共物品带来了一些资源配置问题，如"搭便车"问题、"公共地悲剧"问题。"搭便车"问题是指参与者可以享受到和支付者一样的物品效用，但是不用支付该物品的成本。"公共地悲剧"问题最早是由加特勒·哈丁提出的，也常被形容为囚徒困境，讲述的是在一个有限的公共地上每个人都追求自己利益最大化，无节制地使用公共地，最终带来公共地的毁灭。大气资源就是所有人的公共物品，每个人都拥有使用大气资源的权利，但不能无节制地消费它，否则会带来"公共地悲剧"。随着全球气候变暖问题越发凸显，减少 CO_2 的排放成为全球性的"公共产品"。从公共物品的定义来看，全球气候变暖是因为 CO_2 的过度排放，而 CO_2 的排放权具有非排他性和非竞争性。

　　碳排放是环境外部性问题的表现，过度的碳排放意味着大量的能源消耗，不仅会引起自然资源的失衡，也会产生各种形式的污染排放，进而给环境造成损害。当"公共地悲剧"问题出现在环境资源中时，环境污染、资源枯竭、温室效应等问题就接踵而至。因此，需要借助绿色低碳的外力来保护生态环境、促进经济社会可持续发展。鉴于环境资源具备一定的公共物品特征，再结合公共物品理论可知，公共物品的特殊性是造成污染物排放的重要根源，公共物品理论成为分析生态环境问题的逻辑起点，并与外部性理论共同成为碳配额分配与碳排放转移的理论基础。

（二）外部性理论

　　外部性理论最早是由马歇尔提出的，而后阿瑟·庇古对其进行了拓展与完善。庇古在《福利经济学》中正式提出了外部性的概念。但对外部性理论的奠基工作，主要还是归功于马歇尔。马歇尔在其主要著作《经济学原理》中，对外部性有了较为系统和深入的探讨。马歇尔认为，外部性是指个人或企业的某些活动给其他个人或企业带来的正面影响或负面影响，但这种影响并未体现在市场价格中。具体来说，正外部性是指个人或企业的某些活动给其他个人或企业带来正面影响，而这种正面影响未能通过市场机制得到补偿；负外部性是指个人或企业的某些活动给其他个人或企业带来负面影响，而这种负面影响未能通过市场得到内部化。

　　庇古是英国经济学家，他针对如何解决外部性问题提出了具有里程碑意义的见解。庇古在其代表作《福利经济学》中深入地探讨了外部性理论，并提出了外部性内部化的解决方案——庇古税。庇古指出，在自由市场中，当个体或企业的经济活动导致其"边际私人净产值"（个体或企业从某项活动中获得的额外私人利益）与"边际社会净产值"（该活动带给整个社会的额外总利益或成本）出现偏差时，市场无法实现资源配置的帕累托最优。为此，他提出可以通过政府干预，对产生负外部性的活动征收税款，或对产生正外部性的活动给予补贴，以实现外部性的内部化，促进资源配置的社会最优。具体来说，对于负外部性，政府可以对产生负外部性的行为征收庇古税，使其生产成本增加，从而通过市场机制来实现成本内部化，促进资源配置效率；对于正外部性，政府可以对产生正外部性的行为给予补贴，提高其收益，从而通过市场机制来实现收益内部化，促进资源配置效率。庇古税理论虽然简单直接，但为解决外部性问题提供了有益思路。

庇古的这一理论为后来的环境经济学和资源经济学提供了重要的理论基础，尤其在环境保护、公共卫生等领域的政策制定中发挥了重要作用。通过对产生负外部性活动的征税和对产生正外部性活动的补贴，政府能够有效地引导经济活动，减少环境污染和资源浪费，促进社会福利的提升。

环境资源的公共物品理论和外部性理论是环境资源配置市场失灵的主要原因。排污权交易理论的提出不仅为这些问题提供了有效的解决方案，而且为碳排放权交易等更广泛的环境政策研究提供了坚实的经济学理论基础。碳排放权交易作为应对全球气候变化的重要工具之一，其设计和实施也深受科斯和戴尔斯理论的影响，体现了将环境外部成本内部化，通过市场机制促进环境保护和资源最优配置的思想。

从福利经济学的角度分析，碳排放引起的气候变化实质上是负外部性问题，而外部性的根源是市场失灵。解决外部性的基本观点是，使经济主体所产生的社会收益或社会成本变为私人收益或私人成本，即外部性内部化。

（三）碳配额分配的方式

在碳交易市场中，碳配额与碳配额总量的设定密切相关。对于碳配额总量的确定，当前研究主要有两种模式：模式一为"自上而下"，即基于生态或大气变化确定控制目标，从该目标出发估算总的可用于分配的排放空间，由中央政府将总的碳配额分配到各省份。模式二为"自下而上"，即先按事先确定的分配方法，将碳配额分配给相关企业，再将配额分配量加总得到总量配额。初始碳配额的分配分为免费分配和有偿分配。免费分配是最早的也是最常用的分配方法，一般适用于碳交易市场的早期阶段，政府将碳配额免费分配给交易主体以减少各方的阻力。如果企业面临碳交易体系以外的市场竞争，则可能存在将生产转移到不存在碳市场地区的风险，这样就达不到减排的目的。而免费分配可让这些受影响的行业保持竞争力以避免碳泄漏，但免费分配会使各地区缺乏减排动力，减排效果不佳。有偿分配包括拍卖和定价出售。已有研究发现完全拍卖分配比免费分配更容易使交易主体的产出下降。

目前的研究一致认为在碳交易市场建立的早期阶段应实行免费分配，随着碳交易市场的逐步完善，再逐步转变为有偿分配。现有的碳市场表明，确保一定比例的拍卖配额对活跃碳交易市场很重要。现有的分配方法主要是"祖父法"（Grandfathering）和"基准法"（Benchmarking）。

"祖父法"是由 Tietenberg 于 1981 年提出的，其以排放单位的历史排放量为基准分配配额。欧盟碳市场在实行的第一阶段和第二阶段，绝大多数成员国采用"祖父法"分配配额给纳入企业。"祖父法"具有好操作且在碳市场建立初期就可以提高很多企业的接受度的优点。"祖父法"以企业的历史排放为基准，使发放的配额能基本满足各个企业的正常生产活动，因此很多企业对其不会产生很大的排斥心理，有利于碳市场的建立。但随着越来越多的国家在碳市场中采用"祖父法"分配碳配额，"祖父法"的缺点也逐渐显现。"祖父法"给予历史排放量高的企业更多的配额，会导致排放量高的企业减排的动力不强。而对于那些采用高科技的新兴企业来说很不公平，因为历史碳排放量少或无历史碳排放量数据而得到的碳配额很少，这也会打击企业减排的动力，从而不利于低碳技术的研发和推广，出现"鞭打快牛"的现象。

"基准法"又称标杆法，其根据排放单位的生产活动乘以该行业所设定的基准值来分配碳配额。基准值既可以是行业或产品的平均水平，也可以是该行业或产品的先进水平。"基准法"克服了"祖父法"出现的分配不公的缺点，使同一行业内的企业根据同一种标准获得相应的碳配额。对于作出减排努力的企业来说，它们可以获得更多的配额去交易，从而提高它们的减排积极性，这对低碳技术的研发更有利。而那些碳排放量高的企业获得的配额不足以保证正常的生产活动，从而需要去购买碳配额，这就会调动它们主动减排的积极性。但"基准法"也有其自身的缺点。因为基准线的设定需要大量的数据，计算方式比较复杂且操作难度较高，对于政府管理层来说，这是一个很大的挑战。而且碳交易市场在建立初期的基础设施和法律政策都不完善，对于政府来说，设定一个合理的基准线很困难。

由于欧盟和韩国的碳交易市场总体规模排名分别为全球第一和第二，为中国建立碳交易市场提供了很多经验。表 2-3 所列为欧盟、韩国及中国试点碳交易市场碳配额分配方式的发展阶段（田美慧，2022）。根据国际碳交易市场的经验及中国试点碳交易市场的情况，2021 年 7 月，中国碳排放权交易市场正式上线运行，涵盖了电力、钢铁、有色金属、石油化工等高耗能行业，成为世界上最大的碳市场。

表 2-3　国际及国内碳交易市场配额分配方式

国家（地区）	配额分配方式
欧盟	第一阶段（2005—2007 年）免费分配　"祖父法"
	第二阶段（2008—2012 年）免费 +10% 拍卖分配　"祖父法" + "基准法"
	第三阶段（2013—2030 年）免费 +57% 拍卖分配　"祖父法" + "基准法"
韩国	第一阶段（2015—2017 年）免费分配　"祖父法" + "基准法"
	第二阶段（2018—2020 年）免费 +3% 拍卖分配　"基准法"
	第三阶段（2021—2025 年）免费 +10% 拍卖分配　"基准法"
中国重庆	免费分配　"祖父法"
中国广东	免费 +5% 拍卖分配　"祖父法" + "基准法"
中国上海	免费 +7% 拍卖分配　"祖父法" + "基准法"
中国北京	免费分配　"祖父法" + "基准法"

续表

国家（地区）	配额分配方式
中国福建	免费+10%拍卖分配 "祖父法"+"基准法"
中国湖北	免费分配 "祖父法"+"基准法"
中国深圳	免费分配 "祖父法"+"基准法"
中国天津	免费分配 "祖父法"

（四）碳配额分配的公平和效率原则

随着碳交易的兴起，合理的碳分配是一个基础但又复杂、充满争议的环节。因此，明确碳配额分配原则是具体实施碳分配的前提与关键。其中，公平原则及效率原则是两个应用最多的原则，这两个原则的分配框架如图2-3所示。

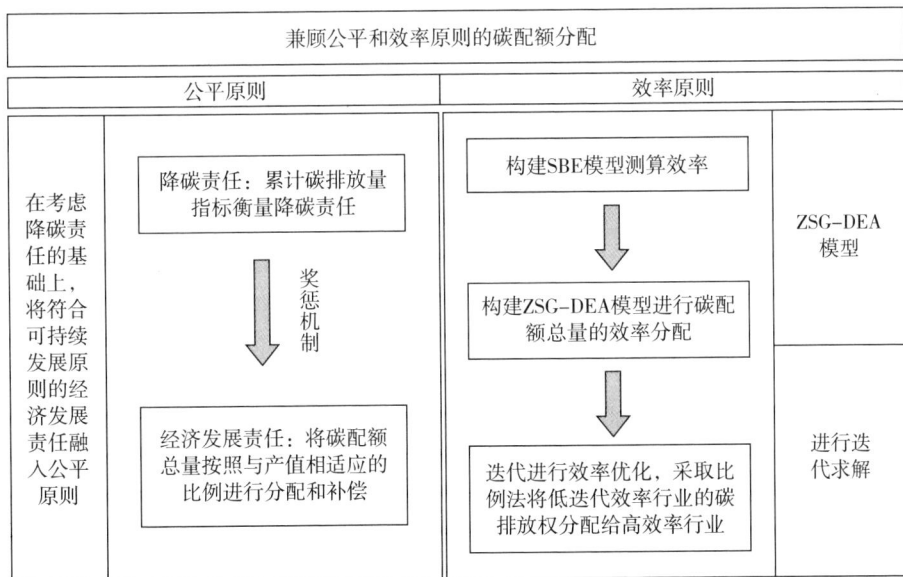

图2-3 公平和效率原则的碳配额分配框架

（1）公平原则。碳排放作为一种稀缺性自然资源，碳排放权实质上是发展权，公平原则是最基本的分配原则。各个国家、地区、产业甚至企业的发展情况存在差异，因此需要更多的排放主体明确其碳排放权总量或碳减排空间，并鼓励其积极参与碳交易，公平原则是最基本的参考原则。公平原则一般分为基于分配的公平原则、基于结果的公平原则、基于过程的公平原则等。其中，基于分配的公平原则的参考口径包括历史排放、人口、减排成本、GDP 总量等；基于结果的公平原则的参考口径包括净收益、人均净收益等；基于过程的公平原则通常按照拍卖、罗尔斯最大最小准则等实现。

为充分考虑碳排放的现实依赖性和分配方案实施的安全性，应从降碳责任和经济发展责任两个方面入手。首先，通过降碳责任份额分配碳配额；其次，设计奖惩机制，在按照降碳责任份额分配碳配额总量的基础上体现经济发展责任，对于与经济发展水平相适应的行业，予以碳配额补偿，反之进行削减。

（2）效率原则。效率原则是指在排放总量约束下，以最小的成本实现最大的减排目标，从而获得交易整体运行的最优经济效果。从效率原则来看，生产产品附加价值高、能源利用效率高的碳排放主体应该分配更多的碳排放量；相反，高消耗、高排放、低生产效率的主体则应分配较少的碳排放。一方面，这种分配方法是按照效率原则分配的结果；另一方面，这种分配方法在一定程度上能倒逼产业结构升级转型，通过给低碳高效的主体分配更多的碳配额，激励那些高碳低效主体从自身生产出发提高碳排放利用效率。此外，效率原则在一定程度上也是一种公平，因此，本书将通过效率原则对各部门进行有效、公平的碳配额分配。

总之，公平与效率原则为本书探究不同产业、工业各行业碳配额分配提供了一定的理论基础。

三、协同效应理论

（一）协同效应的时代特征

从时代特征来看，人类社会经历了分别以降碳、减污、扩绿、增长为目标的多个阶段，但是在追求其中一项目标实现的过程中，可能是以牺牲其他目标为代价的，或者说，在实现一项目标后又需要重新实现另一项目标，面临巨大的目标转换成本问题。更重要的是，在经历农业时代和工业时代的大规模开发后，同时处理多种环境问题或实现多重环境治理目标的需要越来越紧迫，即生态环境多目标治理要求进一步凸显，表现为协同推进降碳、减污、扩绿、增长已成为中国实现经济社会发展全面绿色低碳转型和推动经济高质量发展的必然选择。

当前，中国正处于经济高质量发展阶段，推动"双碳"目标实现是推动经济高质量发展的重要路径。而协同推进降碳、减污、扩绿、增长是实现"双碳"目标的必然选择。因此，协同推进降碳、减污、扩绿、增长作为新时代生态文明建设的根本方法，既是建设人与自然和谐共生的现代化的关键因素，也是提高生态环境治理效率的重要举措，更是推进经济发展与生态文明建设长效融合的有效保障（见图2-4）。

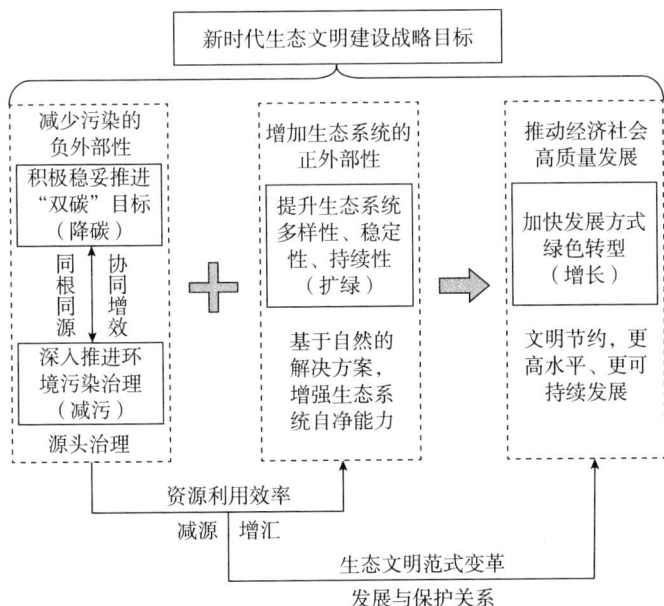

图2-4　协同推进降碳、减污、扩绿、增长的本质内涵

（二）协同效应的科学内涵

人类生产生活引致的碳排放与污染物排放具有高度同根、同源、同过程特性和排放时空一致性特征，降碳与减污的主要路径均是通过对生态资源的节约高效、清洁低碳利用，降低生产生活对生态环境的负外部性，两者减排和治理路径高度协同，具有显著的系统治理的特征。因此，从科学内涵来看，降碳、减污、扩绿、增长协同推进是人与自然关系演化和发展到一定阶段的必然结果。农业时代和工业时代的探索使人们对生态环境及人与自然之间关系的累积性理解进入新的阶段，既表现为对生态环境系统内部的降碳、减污、扩绿、增长之间耦合关系的理解，更体现在对人与自然和谐共生关系的孜孜追求。降碳，重点是从源头上提高能源使用效率；减污，重点是提高生态环境质量；扩绿，重点是增强碳汇能力，提升生态系统的多样性、稳定性、持续性；增长，主要体现为绿色发展，即通过绿色低碳转型形成绿色生产生活方式，实现绿色高质量发展。由此来看，降碳、减污、扩绿、增长相互交织、相互作用，降碳是源头和总抓手，减污是途径，扩绿是保障，增长是落脚点。坚持降碳、减污、扩绿、增长协同推进，关键在于坚持系统观念，在多重目标中寻求动态平衡，将降碳、减污、扩绿、增长纳入生态文明建设整体布局和经济社会发展全局。通过降碳、减污、扩绿、增长一体化协同推进，推动经济社会的系统性变革，形成稳态的绿色低碳转型路径。

（三）协同效应的政策内涵

随着碳达峰碳中和目标的提出，"十四五"时期，中国进入以降碳减污为重点战略方向的生态文明建设新阶段，用降碳协同带动减污，促进降碳减污协同增效，全面推动生态环境治理与美丽中国建设。生态环境部会同有关部门出台《减污降碳协同增效实施方案》，锚定美丽中国建设和实现碳达峰碳中和目标，从加强源头防控、突出重点领域、优化环境治理、开展模式创新、强化支撑保障、加强组织实施六个方面对降碳行动源头牵引生态环境质量改善作出系统部署。各省份也相继出台地方减污降碳协同增效实施方案。考虑到环境污染物与 CO_2 排放的高度同源，中国以碳达峰行动进一步深化环境治理，通过在目标指标、管控区域、控制对象、措施任务、政策工具五个方面的协同，多措并举推动减污与降碳，实现经济社会发展提质增效。同时，以碳达峰碳中和引领绿色发展路径转变并非对已有污染防治工作的推倒重来，而是通过不断加深对降碳减污之间的科学关系的认识，将已有污染防治制度规范、技术方式、管理方法等充分纳入碳减排考量，使其与现阶段降碳工作衔接协同。充分发挥降碳减污系统增效作用，从而推动生态文明建设，促进经济结构绿色转型，加强污染源头治理，最终实现美丽中国建设目标。

党的二十大报告指出，"中国式现代化是人与自然和谐共生的现代化"，明确了中国新时代生态文明建设的战略任务，既对新时代新征程建设人与自然和谐共生的美丽中国作出了战略谋划和部署，也对生态环境保护提出了新的要求。建设人与自然和谐共生的中国式现代化，离不开降碳、减污、扩绿、增长的协同推进。一方面，推动减污降碳协同增效是中国发展阶段使然。与发达国家先解决了国内污染问题再应对气候变化的发展过程不同，中国正处于减污与降碳要求叠加、负重前行的关键时期。在生态环境保护的结构性、根源性、趋势性压力未得到根本扭转的新发展阶段，协同推进减污降碳是中国经济社会发展全面绿色转型的必然选择。另一方面，同根、同源、同过程的特征使实现降碳减污协同增效具有可行性。化石能源的燃烧和加工利用会同时产生 CO_2 等温室气体和 SO_2、NO_x、颗粒物（PM）、挥发性有机化合物（VOCs）等大气污染物，因此推动降碳与减污的协同治理能够降低管理成本，获得环境质量改善、气候变化风险降低、低碳经济竞争力提升等多重政策效益，是提高生态环境治理现代化水平的重要途径。

四、要素禀赋理论

（一）要素禀赋论的起源及内涵

要素禀赋理论（Factor Endowment Theory）也称赫克歇尔－俄林理论（H-O 理论），最早可以追溯到 19 世纪中期英国经济学家大卫·李嘉图提出的"比较优势理论"。20 世纪 30 年代，瑞典经济学家赫克歇尔和俄罗斯经济学家俄林在此基础上提出了"赫克歇尔－俄林模型"，进一步阐述了要素禀赋对国际贸易格局的影响。此后，该理论不断得到拓展和完善，成为当代国际经济学的一个重要分支。

要素禀赋是指某一国家或地区拥有的自然资源、人力资源、技术资源等各种要素，这些要素对国家或地区发展具有重要的影响。要素禀赋具有固有性、稳定性和地域性的特点。固有性是指要素禀赋是区域自身所拥有和形成的，是区域发展的内在动力；稳定性是指要素禀赋不会轻易发生变化，只有经过长期的演化才会发生转变；地域性是指要素禀赋受区域地理、历史、文化等因素的影响，表现出明显的地域差异。

要素禀赋理论的经典模型包括赫克歇尔－俄林模型和斯托尔珀－萨缪尔森模型。前者认为，一国的出口商品应当是使用该国相对丰富要素密集型生产的商品，进口商品则应当是使用该国相对稀缺要素密集型生产的商品。后者进一步推广了这一结论，认为在完全竞争和无摩擦的条件下，要素价格将趋于国际均等，要素禀赋差异也将通过贸易实现均等化。

（二）要素禀赋对碳排放的影响

要素禀赋结构决定了该国或地区的经济增长方式和发展水平。根据要素禀赋理论，国家或地区之间要素禀赋的相对差异，以及生产要素对产品生产过程使用强度的差异，是国际贸易产生的重要因素。在此背景下，国际贸易就表现为要素禀赋贸易和比较优势贸易两种方式。这一理论主张一个国家或地区应出口的商品是由该国或地区比较充足和廉价的生产要素制造出来的，而且进口的产品都是由国家或地区内比较匮乏和价格较高的生产要素制造出来的。

劳动丰富型国家是劳动密集型产品出口的国家，引进资本密集型产品，资本充裕的国家恰恰相反。从贸易的角度来看，经济较发达国家或地区的物质资本更加充裕，因此它对资本密集型产品的生产有较大的相对优势，而经济欠发达国家或地区，在自然资源与劳动要素密集型行业中，更倾向拥有比较优势。一般来说，资本密集型产业主要有制造业、石油化工业和重型机械工业等，这些产业往往是生产和消费过程中污染排放较高的污染密集型行业。要素禀赋理论意味着贸易自由化使发达国家或地区倾向出口污染密集型产品。

从区域贸易层面来看，经济相对发达的省份物质资本更为丰富，在资本密集型产业中具有比较优势，往往会发展以资源密集型产业为主导的经济结构，这些行业普遍碳排放强度较高。一方面，资源开采和加工过程本身就会产生大量碳排放；另一方面，这些资源密集型行业通常也带动了相关上下游行业的发展，整个产业链的碳排放较高。此外，资源丰富地区往往能够以较低的成本获得化石能源，这也加剧了当地产业结构对高碳行业的偏好；而资源相对匮乏的地区更可能发展轻工制造、服务等相对清洁的产业，其碳排放水平较低。这种差异进而影响到区域间商品的相对价格，从而引发省际贸易格局的变化和碳排放的跨区域转移。同时，污染密集型产品更多地出口到经济欠发达省份，而经济欠发达省份会更多地进口资本密集型产品。当生产与消费相分离时，货物与劳务隐含碳排放会在各省份之间传递，凸显各省份之间经济联系与环境影响的耦合性问题。

第三节 研究框架

基于上述概念与理论基础，为使本书研究的理论逻辑更加清晰明了，厘清本书第四章、第五章与第六章的内在逻辑关系，本节将重点讨论碳配额分配、碳排放权交易及碳转移三者的关联关系，强化后续章节间的系统性与连贯性。

一、碳排放权交易机制

碳排放权交易市场是利用市场机制控制和减少温室气体排放的政策工具。在碳市场中，碳排放权交易通过显性碳定价原则，也称"污染者付费"原则，将排放的负外部效应内部成本化，为处理经济发展与减排关系难题提供了一种解决方案。碳交易市场是由政府通过对能耗企业的控制排放而人为制造的市场。

整个碳市场的高效运转离不开由各方经济主体参与的碳排放权交易。通常情况下，政府确定一个碳排放总额，并根据一定规则将碳排放配额分配至企业。如果未来企业排放高于配额，则需要到市场上购买配额。与此同时，部分企业也会通过采用节能减排技术，使其碳排放低于其获得的配额，从而可以通过碳交易市场出售多余配额。因此，在由政府、企业与其他主体构成的碳排放权交易市场中存在两种情况：一是企业减排成本低于碳交易市场价，在此种情况下企业会选择减排，减排产生的份额可以卖出从而获利；二是企业减排成本高于碳交易市场价，则企业会选择在碳交易市场上向拥有配额的政府、企业或其他市场主体进行购买，以完成政府下达的减排量目标。企业若未足量购买配额以覆盖其实际排放量，则将面临高价罚款。通过此套机制设计，碳交易市场将碳排放内化为企业经营成本的一部分，而交易形成的碳排放价格会进一步引导企业选择成本最优的减碳手段，包括节能减排改造、碳配额购买或碳捕捉等，市场化的方式使产业结构从高耗能向低耗能转型的同时，也使全社会减排成本保持最优化。

中国的碳排放权交易可分为两类：第一类为配额交易，是政府为完成控排目标采用的一种政策手段，即在一定的空间和时间内，将该控排目标转化为碳排放配额并分配给下级政府和企业，若企业实际碳排放量小于政府分配的配额，则企业可以通过交易多余碳配额，实现碳配额在不同企业的合理分配，最终以相对较低的成本实现控排目标；第二类为在配额市场之外引入核证自愿减排量，即CCER，作为补充。CCER交易是指控排企业向实施碳抵消活动的企业购买可用于抵消自身碳排的核证量。碳排放权交易机制如图2-5所示。

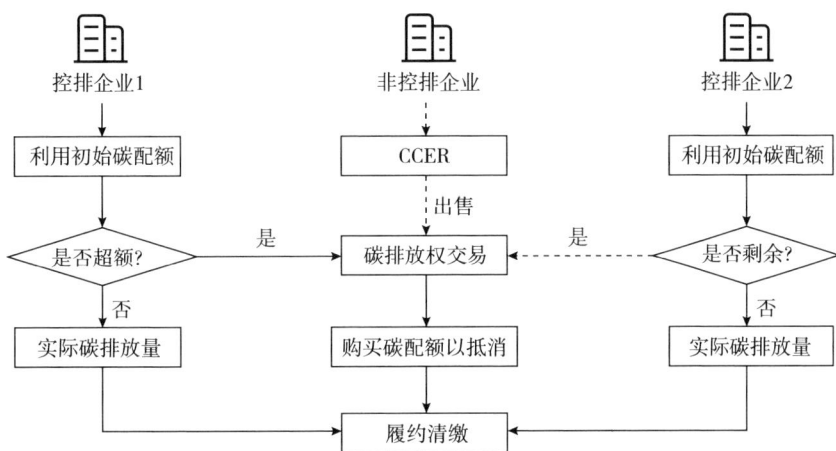

图2-5　碳排放权交易机制

二、碳排放的外部性

由前文可知，外部性是指市场交易活动对第三方产生的非市场化影响，包括正外部性与负外部性。正外部性主要是指能够提升社会整体福利的经济现象；而负外部性是指交易成本未在市场价格中得到体现，进而导致市场资源配置偏离社会最优状态的一种经济现象。过度的碳排放带来的全球气候变暖正是负外部性的表现。根据中国碳排放产业的分布，碳排放大多来自发电和工业端的工业企业，此类企业同样是国家重点管控的对象。然而，在碳排放权交易机制下，碳排放配额作为各控排企业合法进行碳排放的凭证，除企业自身通过绿色技术创新来实现碳减排外，其仅能通过利用自身企业已有的碳配额或从其他企业购买富余的碳排放配额来进行合规排放，在此过程中，由各企业的生产经营导致的负外部性将内部化为其自身的控排成本。碳排放转移是指随着中国对生态保护与气候治理工作的愈加重视及碳市场规制的愈加严格，部分产业或企业会因减排成本过高而向规制强度小或政策实施宽松的地区迁移。一方面，规制强的地区由于碳排放企业数量减少，碳减排效果得到增强；另一方面，这类高碳排放的企业迁移到了新地区，导致所在地区的碳排放量增加，最终导致整体碳排放量不减反增的现象。碳排放的外部性如图2-6所示。

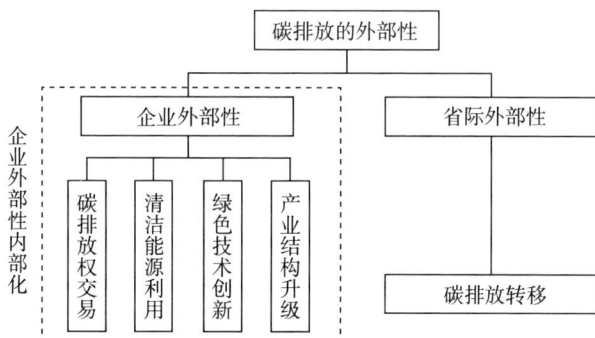

图2-6　碳排放的外部性

三、碳配额分配与碳排放权交易的内在逻辑分析

配额分配是指根据设定的碳排放目标，由政府主管部门采用既定的方法和方式，向纳入碳交易体系的控排企业分配排放配额的过程，是碳排放交易机制设计的核心内容。其承载着气候政策的量化目标，规定企业的排放控制责任，构造盈缺相济的配额交易市场，并对碳交易制度的社会经济总成本产生重要影响。目前，在中国碳排放权交易市场中存在两类产品：一是政府分配给企业的碳配额；二是核证自愿减排量，坚持以碳配额为主、核证自愿减排量为辅的交易原则。具体而言，碳配额分配与碳排放权交易二者之间的内在逻辑关系为，第一，政府部门结合中国应对气候变化的政策要求及行业碳排放特征确定一段时间内的碳排放总量目标；第二，将总量分割成若干特定额度，并通过免费分配等方式将这些额度分配给碳市场内需要减排的企业；第三，在政府划定的履约时间截止时，企业

向政府清缴与实际排放量相等的配额。在此过程中，若企业的碳排放量不高于政府所分配的初始碳配额，则可直接完成履约清缴；若企业实际碳排放量高于初始碳配额，则需通过碳排放权交易来购买其他企业的富余碳配额或核证自愿减排量来进行抵消，从而完成整个履约清缴工作。由此可知，碳配额的分配为控制企业碳排放的首要凭证，而基于富余碳配额和以 CCER 为交易主体的碳排放权交易作为初始配额分配的一种补充机制助力企业顺利完成碳减排。碳配额分配与碳排放权交易的关系机制如图 2-7 所示。本书基于以上逻辑关系于第四章探讨了中国产业间碳配额分配及减污降碳协同效应，第五章在碳配额分配的基础上针对初始碳配额不足条件下的补充机制——市场间碳排放权交易及减污降碳协同效应进行了深入分析。

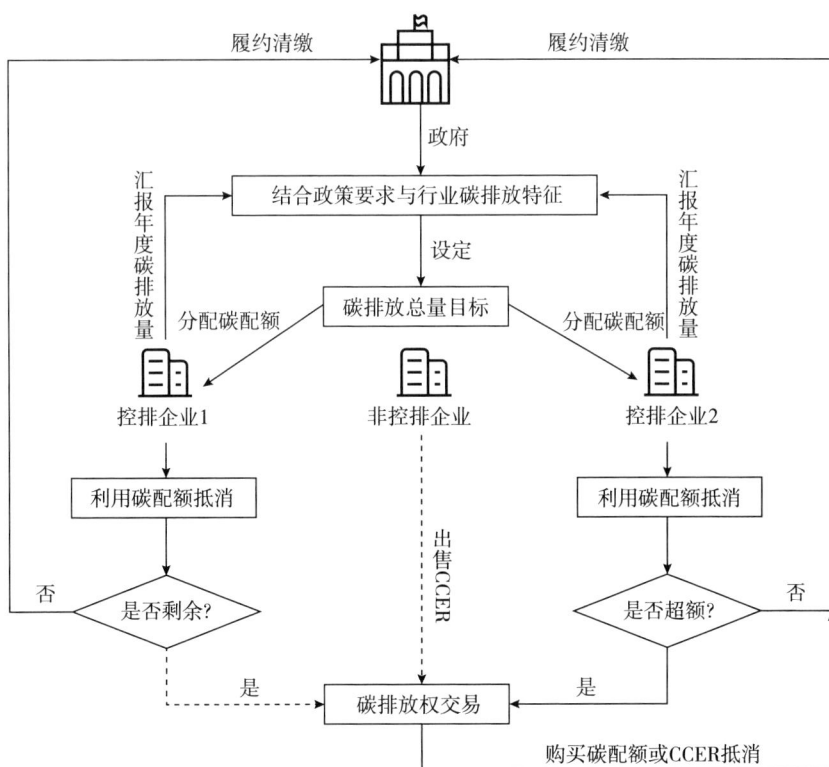

图 2-7 碳配额分配与碳排放权交易的关系机制

四、碳排放权交易与碳排放转移的内在逻辑分析

通过以上分析，企业在初始碳配额供需失衡的约束下将进行碳排放权交易，在交易过程中，该企业会购买其他企业富余的碳配额或是非控排企业的核证自愿减排量，以此来抵消碳排放。然而，若碳市场中的"碳排放权"定价过高，即企业在面临初始碳配额不足及碳定价过高的双重压力下，会选择将超额碳排放进行"特殊化处理"，此处的"特殊化处理"即碳转移。碳转移是指由区域间气候政策（碳规制政策）差异、投入要素价格、产业分工等与气候变化无关的因素导致的产品生命周期中的全部隐含碳通过经济活动发生的排放转移。通过设定碳排放配额和交易价格，借助碳排放权交易引导企业或国家在选择产业转移时考虑额外成本，可在一定程度上减少碳排放转移的发生。由此，碳转移研究的是碳配额与碳排放权交易双重约束下的企业市场行为与策略选择。碳排放权交易与碳转移的关系如图 2-8 所示。本书第六章则基于该主题深入探讨了中国省际碳排放转移及其协同效应，是对本书第四章与第五章中针对碳配额分配与碳排放权交易的更深层次研究。

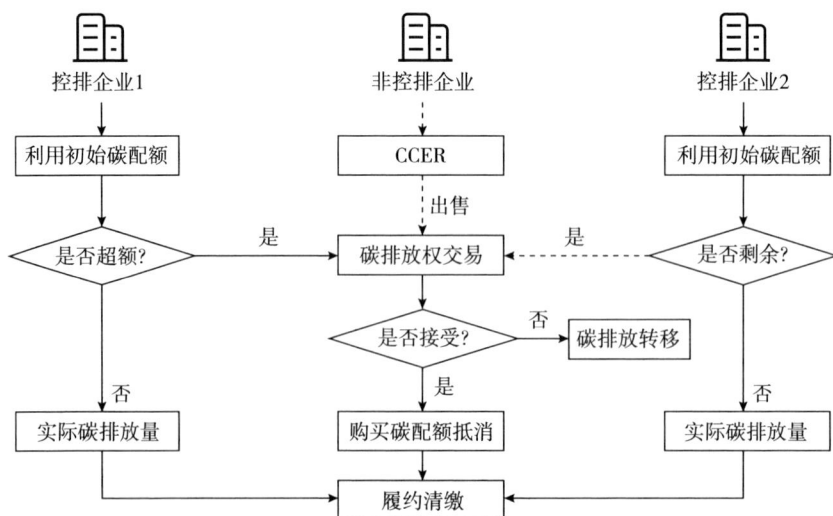

图 2-8　碳排放权交易与碳转移的关系

五、碳配额分配、碳排放权交易与碳排放转移的系统分析

在碳排放权交易机制下，碳排放权是一种特殊的权利，碳排放配额是碳排放权的载体和凭证。在碳规制下，控排企业仅能利用已获准的碳排放配额合规地进行碳排放。此外，碳制度兼有控制和激励两种功能，不仅要从总量上进行控制，还要根据企业的实际减排情况进行奖惩，为了能以最低的成本获得最高的效率，需要借助市场手段决定碳排放配额的再分配。因此，企业还可选择付出一定的减排成本作为负外部性的补偿来购买碳排放权，碳排放权包括其他企业富余的配额或类似配额性质的 CCER 来实现自身的碳减排，以及在政府的激励下通过利用更加清洁的能源、进行绿色技术创新、改善产业结构来进行碳减排，实现碳排放企业外部性的内部化。但碳规制政策的区域性失衡及作为投入要素的碳排放权价格过高，给企业带来了进行碳转移的可乘之机。在此种情况下，企业在高昂的减排成本与"碳价"面前望而却步，利用碳规制强度不平衡的契机进行生产经营的迁移，最终造成整体碳排放量并未减少的现象，无法产生任何环境效益，由此带来的碳排放区域外部性未得到经济补偿。值得注意的是，碳排放权交易市场机制作为中国的一项环境政策工具，其与环境规制等政策具有相似的性质。一方面，碳排放权交易市场机制越完善，则对控排企业碳排放的约束力度越大，抑制效应越强，其对环境造成的负外部性也会因此得以缓解；另一方面，随着企业进行生产经营及碳排放转移所造成的碳排放量的增加，碳排放负外部性的增强将倒逼中国碳排放权交易市场机制的逐步完善与碳规制政策的不断优化。

本书的理论框架如图 2-9 所示。

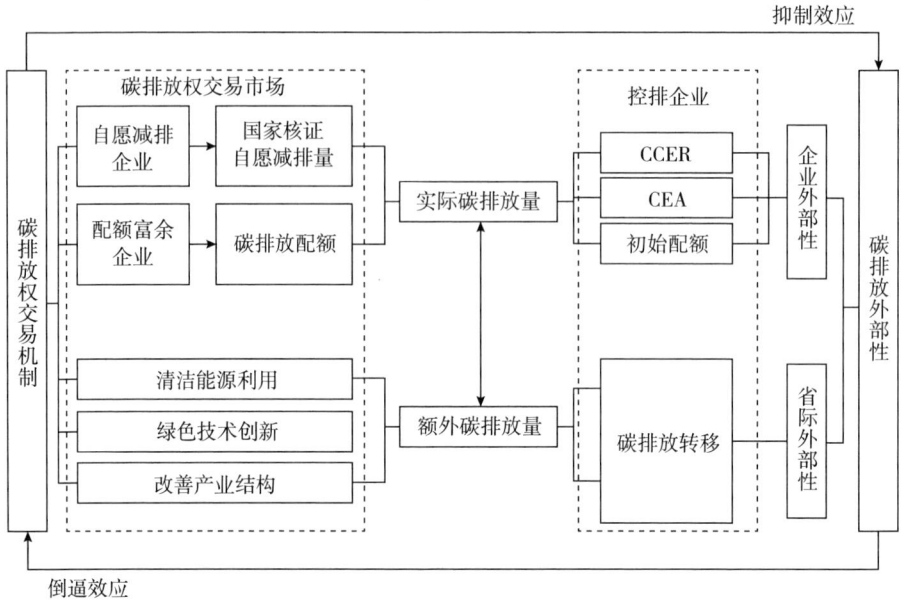

图 2-9　本书的理论框架

第四节　本章小结

本章界定了碳排放、碳配额及碳排放权交易的内涵，阐明了低碳经济、要素禀赋、碳排放权交易等相关理论，为后续进行理论分析与实证检验提供了扎实的支撑。

第三章　中国碳排放现状及多方协同机制分析

世界气象组织全球大气观测计划站网观测到全球大气中 CO_2 浓度在 2022 年达到 417.9 ppm，显示全球大气平均 CO_2 浓度上升到过去 200 万年以来的新高。[①] 与此同时，随着中国工业化进程的加快与经济的快速发展，CO_2 排放量同样居高不下。2022 年的数据显示，中国的温室气体排放总量已位居世界第二。[②] 由此可见，中国在应对气候变化、全球温室气体减排及碳中和工作方面压力巨大。基于此，本章在对中国碳排放现状及减排工作参与主体进行分析的基础上，以碳减排工作为出发点、以减排过程中涉及的多方主体为研究对象展开博弈分析，以期为中国碳排放权交易市场机制下的低碳减排工作提供可行的政策参考。

第一节　中国碳排放现状及碳减排工作进展

一、强化碳减排总体布局

党的十八大以来，在习近平生态文明思想的指引下，中国贯彻新发展理念，

---

① 资料来源：《中国温室气体公报》，中国气象局气候变化中心 2023 年第 12 期。
② 资料来源：Carbon Emission Accounts and Datasets。

将应对气候变化摆在国家治理更加突出的位置，不断增加碳排放强度的削减幅度，不断强化自主贡献目标，以最大努力加大应对气候变化的力度，推动经济社会发展全面绿色转型，建设人与自然和谐共生的现代化。

截至目前，中国已建立碳达峰碳中和"1+N"政策体系（见图 3-1）。其中，"1"由《中共中央 国务院关于完整准确全面贯彻新发展理念做好碳达峰碳中和工作的意见》《2030 年前碳达峰行动方案》两个文件共同构成，作为"1+N"政策体系的顶层设计；"N"即重点领域（企业）、重点行业实施方案及一系列相关支撑保障方案。同时，各省份均已制定了本地区碳达峰实施方案。总体上已构建起目标明确、分工合理、措施有力、衔接有序的碳达峰碳中和政策体系。

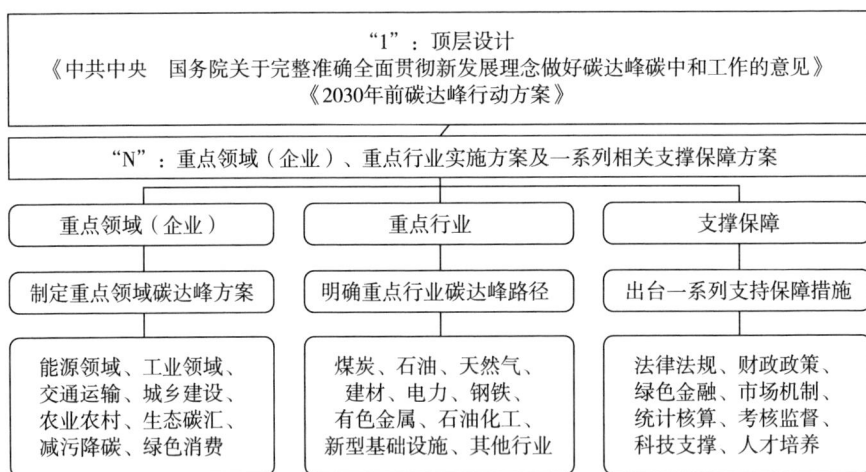

图 3-1 中国碳达峰碳中和"1+N"政策体系

全国碳市场体系建设稳步推进。2021 年 7 月，全国碳排放权交易市场以发电行业为突破口，正式上线交易，覆盖年 CO_2 排放量约 51 亿吨，[①] 占全国 CO_2 排放总量的 40% 以上。截至 2023 年底，市场累计成交量达 4.4 亿吨，成交额约

[①] 生态环境部. 全国碳排放权交易市场已覆盖二氧化碳排放量约 51 亿吨［EB/OL］.（2024-02-26）［2024-08-20］. http://www.sohu.com/a/760154221-255783.

249 亿元。2024 年初，全国温室气体自愿减排交易市场启动。[1]

全国碳市场发展成效逐步彰显。在保障电力行业快速发展、能源安全的前提下，2023 年全国火电碳排放强度（单位火力发电量的 CO_2 排放量）相比 2018 年下降 2.38%，电力碳排放强度（单位发电量的 CO_2 排放量）相比 2018 年下降 8.78%，通过碳市场推动温室气体减排，促进能源结构调整，激励先进、约束落后的导向作用更加明显。

二、深化碳减排多主体协同发力

自"双碳"目标提出以来，中国立足能源资源禀赋，坚持先立后破，构建起目标明确、分工合理、措施有力、衔接有序的碳达峰碳中和"1+N"政策体系，协调各方主体力量共同发力助力我国碳减排。

在整个碳减排工作中，政府、减排企业作为参与主体，其他机构如银行等金融机构则承担了部分辅助作用，在自主决策、自担风险的前提下，向清洁能源、节能环保和碳减排技术等重点领域内具有显著碳减排效应的项目提供优惠利率融资，支持碳达峰碳中和。

（一）政府层面

中国政府出台了"双碳"重点领域、重点行业实施方案及相关支撑保障方案，对应"双碳""1+N"政策体系中的"N"。其中，重点领域包括能源、工业、交通运输、城乡建设、农业农村、生态碳汇、减污降碳、绿色消费等；重点行业包括煤炭、石油、天然气、建材、电力、钢铁、有色金属、石油化工、新型基础设施、其他行业等；支撑保障涉及法律法规、财税政策、绿色金融、市场机制、统计核算、考核监督、科技支撑、人才培养等。如 2022 年 5 月公布的《财政支

---

[1]　截至去年底全国碳排放权交易市场成交量达 4.4 亿吨［EB/OL］.（2024–02–28）［2024–08–20］. http://finance.sina.com.cn/money/future/indu/2024–02–28–doc–inakpuyt2731735.shtml.

持做好碳达峰碳中和工作的意见》《支持绿色发展税费优惠政策指引》，6月公布的《银行业保险业绿色金融指引》。

（二）金融机构层面

中国各金融机构根据政府发布的一系列促进企业低碳减排的绿色金融政策，推出了一揽子碳减排支持计划与工具，动员和激励更多社会资本投入绿色产业，有效地抑制污染性投资。同时，通过绿色信贷、绿色债券、绿色股票指数和相关产品、绿色发展基金、绿色保险、碳金融等金融工具及相关政策支持经济向绿色化转型。例如，中国人民银行于2021年实施的"先贷后借"的直达机制、煤炭清洁高效利用再贷款的激励，中信集团的《碳达峰碳中和行动白皮书》，蚂蚁集团的《碳中和路线图》，以及各上市银行推出的绿色信贷、绿色债券、ESG基金、转型金融工具等。

（三）企业层面

中国要求各重点领域企业"一企一策"编制碳达峰行动方案，推进产业结构转型升级，调整优化能源结构，强化绿色低碳科技创新，推进减污降碳协同增效；支持民营企业参与推进"双碳"，以及参与碳排放权、用能权交易等。部分中央企业和民营企业积极编制"双碳"行动方案，明确实现"双碳"目标的重点任务和措施，如《国家电网碳达峰碳中和行动方案》《鞍钢集团碳达峰碳中和宣言》《中国联通"碳达峰、碳中和"十四五行动计划》等。在此期间，各地区各部门、各行业各企业围绕"双碳"工作顶层部署，落实政策措施，强化务实行动，有力、有序、有效推进各项重点工作，推动能源、工业、交通、城乡建设、循环经济、生态碳汇、全民行动、减污降碳、技术创新等方面均取得了亮眼成绩。

三、渐趋碳达峰阶段性目标

近十年来，中国单位国内生产总值 CO_2 排放下降 34.4%，扭转了 CO_2 排放快速增长的态势。中国 CO_2 排放量变化情况如图 3-2 所示。

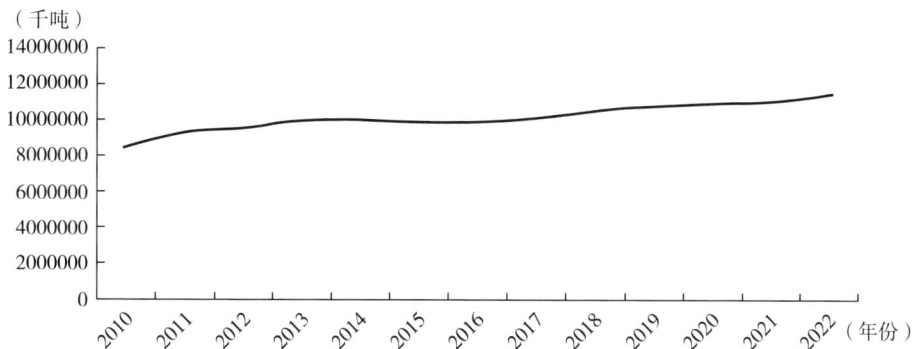

图 3-2　中国 CO_2 排放量变化情况

资料来源：世界银行与《2022 年二氧化碳排放报告》（ CO_2 *Emissions in* 2022 ）。

由图 3-2 可知，2010—2022 年，中国 CO_2 排放量整体呈上升趋势。2010—2013 年为中国 CO_2 排放量快速增长阶段，其中，2011 年较 2010 年环比增长 9.53%，2012 年较 2011 年环比增长 2.78%，2013 年较 2012 年环比增长 4.60%。2014—2017 年 CO_2 排放增长较为缓慢，且在 2015 年出现了负增长，较 2014 年下降了 1.61%。在继 2018 年短暂上升之后，2019—2022 年，中国 CO_2 排放量一直保持较为平稳的增速，增长速度连续 3 年维持在 1.5% 左右。

总体来看，中国碳排放量的增长大致可以分为以下三个阶段。

第一阶段（1997—2001 年）：平缓增长阶段。1997—2001 年，全国碳排放量从 22.4 亿吨增长至 33 亿吨，排放总量增加了 34%，年均增速 3.8%。

第二阶段（2002—2012 年）：高速增长阶段。自加入世界贸易组织（WTO）后，中国工业蓬勃发展，迅速成为"世界工厂"，2012 年中国碳排放增长至 90.8 亿吨，增长了 1.8 倍，年均增速 9.8%。

第三阶段（2013—2030 年）：波动达峰阶段。党的十八大以来，以习近平同志为核心的党中央提出并深入贯彻创新、协调、绿色、开放、共享的新发展理念，积极推进构建清洁低碳、安全高效的能源体系。全国碳排放增速明显趋缓，排放总量增加了 7.9%，年均增速 1.1%。可以预见，在经济高质量发展背景下，中国碳排放即将进入高峰平台。

中国 CO_2 排放量变化情况如图 3-3 所示。

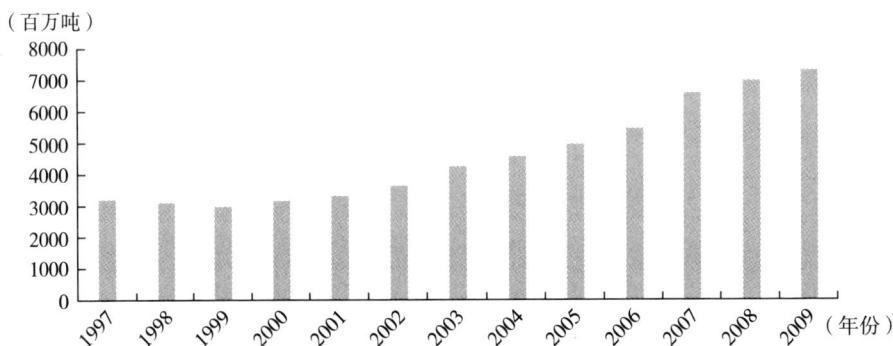

（百万吨）

图 3-3　中国 CO_2 排放量变化情况

资料来源：Scientific Data。

此外，相较于其他国家，中国 CO_2 排放强度依然处于高位，且相当于印度的 1.8 倍、日本的 1.7 倍、西欧的 1.6 倍。然而，美国能源署预测，中国的 CO_2 排放强度将在 2002—2025 年下降 2.1% 左右，但由于中国尚未实现能源转型，依然要依赖煤炭等化石能源，CO_2 排放总量将仍保持上升态势。相关数据如表 3-1 所示。

表 3-1　1970—2025 年世界主要国家（地区）二氧化碳排放量

单位：吨 / 百万 GDP 美元

国家（地区）	历史数据				预测数据			
	1970 年	1980 年	1990 年	2002 年	2010 年	2015 年	2020 年	2025 年
中国	2560	1943	1252	605	570	500	436	375

国家（地区）	历史数据				预测数据			
	1970 年	1980 年	1990 年	2002 年	2010 年	2015 年	2020 年	2025 年
印度	286	312	346	324	272	242	212	185
美国	1117	917	701	571	501	459	423	393
加拿大	1046	883	691	612	562	527	495	481
日本	627	497	348	359	310	291	274	259
西欧	695	624	471	377	333	307	281	264

资料来源：The Energy Information Administration，International Energy Outlook。

第二节　中国碳减排中的多方协同机制分析

一、碳减排中的政府决策分析

自"双碳"目标提出以来，中国积极稳妥推进碳达峰碳中和，相继作出了建立碳排放权交易制度、推进碳排放权交易试点城市建设、建立全国统一的碳排放权交易市场等一系列促进中国低碳减排的重大战略部署，以"双碳"行动进一步深化环境治理，引领中国特色生态文明建设，指明实现中国新发展阶段经济社会发展全面绿色转型方向。在此过程中，中国政府始终将"双碳"贯穿经济社会发展全过程和各方面，全方位全过程推行绿色规划、绿色设计、绿色投资、绿色建设、绿色生产、绿色流通、绿色生活、绿色消费，为绿色减排主体提供良好的政策环境。

在整个碳减排过程中，政府采用积极的财政政策可以将环境成本纳入企业的生产决策，促使企业采取更加环保的生产方式，减少污染排放，保护生态环境。例如，政府通过实施绿色补贴政策能够引导资金流向环保领域，优化资源配置，实现经济、社会和环境的协调发展。为主动进行节能减排的企业提供直接的资金支持，帮助企业应对初始阶段的高风险和长期回报周期问题，促进绿色技术的研发和创新。同时，政府的补贴政策有助于创造良好的创新环境，激励企业和科研机构加大对绿色科技的研究力度，推动技术突破和产业升级。

二、碳减排中的企业行为分析

企业作为推进供给侧结构性改革、推动高质量发展、建设现代化经济体系的重要主体和推动绿色发展的重要力量，肩负贯彻落实国家重大战略决策及把握绿色低碳发展新机遇的重大使命。

在全国统一碳市场的大背景下，碳排放权交易为企业提供了一个灵活的市场机制，同时，进行绿色技术创新也成为当前碳排放约束下进行节能减排的对策之一（徐英启等，2023）。一方面，如果企业的实际排放量超过了分配给它的碳排放配额，就必须在市场上购买额外的配额或面临罚款。这种"惩罚"效应促使企业采取节能减排措施，降低自身的碳排放量，以节省碳成本或获得额外收益。这种市场化的手段比单纯的行政命令更能激发企业的积极性和创造性。另一方面，碳排放权交易不仅为企业提供了经济激励，还激发了企业进行绿色技术创新的内在动力。绿色技术创新有助于企业优化生产流程、提高生产效率，降低生产成本。通过采用更清洁、更节能的生产技术和设备，减少资源消耗和环境污染，实现经济效益和环境效益的双赢。

三、碳减排中的银行策略分析

银行作为金融体系的重要组成部分，在推动碳减排、促进绿色经济发展方面具有独特的作用。一是银行积极参与碳减排市场，可以推动市场的不断发展和完善。通过提供金融支持和服务，吸引更多的企业和投资者加入碳交易市场，提高市场的活跃度，增加市场交易量；同时，与政府部门合作也可以共同推动碳交易市场的规范化和标准化建设。二是通过实施绿色信贷政策，银行可以为符合环保标准和节能减排要求的企业和项目提供贷款支持，同时限制对高污染、高耗能企业的贷款，从而实现资金的绿色配置，有助于引导企业加大在节能减排和绿色技术方面的投入力度，推动其向低碳、环保的生产方式转型。三是银行可以开发各种与碳减排相关的金融产品，如碳排放权质押贷款、绿色债券、绿色基金等，为企业提供多样化的融资渠道与更多的减排资金来源。

四、碳减排中的多方主体协同机制分析

在整个碳减排的过程中，政府作为政策制定者，通过出台一系列碳减排政策、法规和标准，为碳减排工作提供指导和支持。此外，政府可以设定减排目标、制定补贴政策、实施碳税或碳交易等经济手段，以激励企业和银行积极参与碳减排。这不仅明确了减排的方向和要求，还通过经济激励措施降低了企业和银行参与碳减排的成本和风险。企业作为碳减排的主体，面临转型升级和节能减排的双重压力：一方面，需要响应政府政策要求，减少碳排放以符合环保标准；另一方面，需要通过节能减排来降低生产成本、提高产品竞争力。然而，企业在实施碳减排项目时往往需要大量的资金投入，这时就需要银行的支持。银行通过采取绿色信贷、创新金融产品等方式，为企业提供必要的资金支持，帮助企业解决资金难题，推动碳减排工作。银行在碳减排系统中起到配置资金的重要作用，其可以通过评估企业的减排项目、预测项目的经济效益和环境效益，决定是否为其提供贷款支持。同时，银行还会通过制定严格的风险管理措施，确保贷款资金的安全和有效使用。

在整个碳减排系统中，政府、企业和银行之间存在紧密的协同作用。政府通过政策引导和激励机制，为企业和银行提供了参与碳减排的动力和保障；企业通过实施减排项目、提高能源利用效率等方式，降低了生产成本、提高了产品竞争

力；银行则通过提供资金支持和风险管理服务，促进了碳减排项目的顺利实施和市场的健康发展。由此，研究三者之间的协同作用既存在深刻的理论价值，也具备实现碳减排目标、推动经济社会可持续发展的实践价值。

第三节　碳交易机制下低碳减排的演化博弈分析

针对当前低碳减排中相关主体的利益矛盾冲突问题，国内外很多学者引入博弈论进行了有益探索。低碳经济下的政企博弈研究较为广泛（唐慧玲，2019），其中有学者高度重视政府在博弈系统中的决策及影响（武亮等，2024；Knobloch and Mercure，2019；周肖肖等，2023）。有研究指出，政府的激励机制对企业是积极的。参与碳减排决策有正向效果（刘志华等，2021），加大政府的资金激励力度能够显著促进企业低碳减排（王志强等，2024）。近几年，低碳减排演化博弈相关研究从最初的政企双方博弈逐步演化为多主体博弈，如将第三方主体纳入政企演化博弈系统（罗福周、唐佳，2020）。有学者发现，第三方主体之一的银行在碳减排演化博弈中有重要影响（陈莹等，2024；胡嘉鹏，2024），对企业低碳减排的促进效果尤为突出（李青原、肖泽华，2020）。因此，除政府层面对企业的碳约束或碳激励机制外，银行的融资激励机制也值得关注。

然而，现有关于低碳减排利益主体的演化博弈研究较为丰富，但仍存在以下不足：①以往对于低碳减排演化博弈的研究视角多从政企间入手，也有少数学者考虑到第三方主体——银行对博弈系统的影响，而对于该主体如何影响企业低碳转型和演化稳定策略还有待进一步探讨。②随着中国碳交易市场从建立走向逐渐完善，碳交易机制对低碳减排的影响不容忽视，而现有研究中考虑碳交易机制作用的研究内容尚不够丰富。基于此，本章将银行纳入政企演化博弈系统，并区分研究是否考虑碳交易机制的低碳减排演化博弈系统，以期为中国推进低碳减排进程、实现减排目标提供理论基础和有益启示。

本章的主要研究对象为企业、银行与政府组成的博弈系统，在此基础上，三方参与者之间存在的逻辑关系如图 3-4 所示。

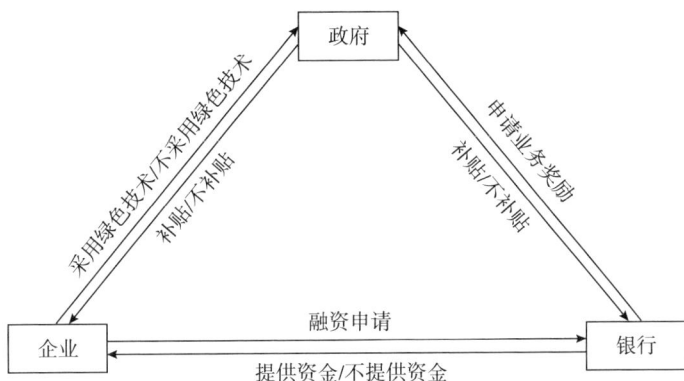

图 3-4　三方博弈模型的逻辑关系

其中，企业有两种行为策略可以选择，即采用绿色技术和不采用绿色技术。银行也有两种行为策略可供选择提供资金和不提供资金。当企业选择采用绿色技术时，银行选择提供资金策略，对企业的低碳生产有推动作用。政府可实施两种行为策略，即补贴与不补贴。

在未进行减排时，资金充足；在进行减排时，需从银行贷款，制造商在获得贷款后，其贷款只可用作减排，而不能作其他用途。

一、符号与假设

为构建博弈系统中各利益主体之间的博弈模型，本章以企业、银行、政府为研究对象，围绕本章的研究主题，提出以下假设。

H3-1：各参与方均具有有限理性，且博弈参与方在信息不对称的情况下，以自身利益最大化为目标，三方相互影响策略的选择，在不断试错的过程中达到稳定策略。

H3-2：企业可选择的策略组合为｛采用绿色技术，不采用绿色技术｝，企业采用绿色技术减排的概率为 x，不采用绿色技术减排的概率为 $1-x$，$x \in [0,1]$。银行可选择的策略组合为｛提供资金，不提供资金｝，银行选择提供资金的概率为 y，选择不提供资金的概率为 $1-y$，$y \in [0,1]$。政府可选择的策略组合为｛补贴，不补贴｝，政府选择补贴的概率为 z，选择不补贴的概率为 $1-z$，$z \in [0,1]$。

H3-3：假设企业生产量为 q，单位产品的生产成本为 c，单位产品的售价为 p，单位产品的碳排放量为 θ，企业采用绿色技术投入成本为 c_1，企业采用绿色技术时单位产品的碳减排量为 θ_1，假设初始碳排放量大于政府碳配额，采纳绿色技术后小于碳配额。碳配额交易是指当企业碳排放量超过政府碳配额，可以购买额外的碳排放权；反之，多余的碳排放权可以售出获得收益。在未进行减排时资金充足，在进行减排时需从银行贷款，企业在获得贷款后，其贷款只可用作减排，而不能作其他用途。

H3-4：假设政府赋予企业一定的碳配额 G，如果企业碳排放量超过政府规定，超出部分需要从碳交易市场购入，碳交易市场单位碳排放量的价格为 p_1。企业采用绿色技术为政府带来的环境收益为 W，环境收益系数为 a，企业采用绿色技术时政府对企业的补贴系数为 λ；存在政府补贴情况下，企业不采用绿色技术时政府对企业的罚款为 F；同时，银行选择提供资金时，政府给予银行业务的奖励为 L。当选择采用绿色技术而银行不提供资金时，企业无法进行减排行为。

H3-5：当企业采用绿色技术时，银行为其提供资金，银行提供资金付出的成本之和为 c_2，银行贷款利率为 r。企业可利用碳资产质押向银行借款，假设企业按时还款的概率为 S，如果企业不能按时还款，则银行可以通过碳交易市场将碳资产变现，按比例 R 归还银行贷款，剩余的碳资产归还企业。

本章的参数及符号的含义如表 3-2 所示。企业、银行和政府收益支付矩阵如表 3-3 所示。

表 3-2 参数的定义

符号	符号含义
q	企业生产量
c	单位产品的生产成本
p	单位产品的售价
θ	单位产品的碳排放量
c_1	企业采用绿色技术的投入成本
θ_1	企业采用绿色技术时单位产品的碳减排量
G	政府赋予企业的碳配额
W	企业采用绿色技术为政府带来的环境收益
R	企业不能按时还款时的银行碳资产变现比例
p_1	碳交易市场单位碳排放量的价格
a	环境收益系数
λ	企业采用绿色技术时政府对企业的补贴系数
F	企业不采用绿色技术时政府对企业的罚款
L	银行选择提供资金时政府给予银行的业务奖励
r	银行贷款利率
S	企业按时还款的概率
c_2	银行提供资金付出的成本之和

表 3-3 企业、银行和政府收益支付矩阵

策略		政府			
		补贴 z		不补贴 $1-z$	
		银行			
		提供资金 y	不提供资金 $1-y$	提供资金 y	不提供资金 $1-y$
企业 采用绿色技术 x		$q(p-c)+c_1+\lambda c_1+S[G-q(\theta-\theta_1)]p_1-S(1+r)c_1+(1-S)(1-R)[G-q(\theta-\theta_1)]p_1$	$q(p-c)-(q\theta-G)p_1-F$	$q(p-c)+c_1+S[G-q(\theta-\theta_1)]p_1-S(1+r)c_1+(1-S)(1-R)[G-q(\theta-\theta_1)]p_1$	$q(p-c)-(q\theta-G)p_1$
		$S(1+r)c_1+(1-S)R[G-q(\theta-\theta_1)]p_1+L-c_2$	0	$S(1+r)c_1+(1-S)R[G-q(\theta-\theta_1)]p_1-c_2$	0
		$a\theta_1-\lambda c_1-L$	F	$a\theta_1$	0

续表

策略		政府			
		补贴 z		不补贴 $1-z$	
		银行			
		提供资金 y	不提供资金 $1-y$	提供资金 y	不提供资金 $1-y$
企业	不采用绿色技术 $1-x$	$q(p-c)-(q\theta-G)p_1-F$	$q(p-c)-(q\theta-G)p_1-F$	$q(p-c)-(q\theta-G)p_1$	$q(p-c)-(q\theta-G)p_1$
		0	0	0	0
		F	F	0	0

二、企业策略稳定性分析

根据表 3-3，可求出企业采用绿色技术的期望收益 U_{x1}、不采用绿色技术的期望收益 U_{x2} 和平均收益 U_x 分别为

$U_{x1}=yz\{q(p-c)+c_1+\lambda c_1+S[G-q(\theta-\theta_1)]p_1-S(1+r)c_1+(1-S)(1-R)[G-q(\theta-\theta_1)]p_1\}+(1-y)z[q(p-c)-(q\theta-G)p_1-F]+y(1-z)\{q(p-c)+c_1+S[G-q(\theta-\theta_1)]p_1-S(1+r)c_1+(1-S)(1-R)[G-q(\theta-\theta_1)]p_1\}+(1-y)(1-z)[q(p-c)-(q\theta-G)p_1]$

$U_{x2}=yz[q(p-c)-(q\theta-G)p_1-F]+(1-y)z[q(p-c)-(q\theta-G)p_1-F]+y(1-z)[q(p-c)-(q\theta-G)p_1]+(1-y)(1-z)[q(p-c)-(q\theta-G)p_1]$

$U_x=xU_{x1}+(1-x)U_{x2}$

由微分方程和发展稳定策略的性质可知，演化稳定策略需要满足以下条件：$F'(x)<0$。

讨论政府补贴概率 z 的变化对企业采用绿色技术策略的影响。令 $z_0=\dfrac{S(1+r)c_1+(1-S)R[G-q(\theta-\theta_1)]p_1-c_1-\theta_1p_1q}{\lambda\theta_1q+F}$，由此可知：

（1）当 $z=z_0$ 或 $y=0$ 时，$F(x)\equiv0$，无论 x 取何值，企业策略均稳定，不

采用绿色技术。

（2）当 $z \neq z_0$ 且 $y \neq 0$ 时，由 $F(x) = 0$ 可以得出，零点为 $x = 0$ 和 $x = 1$，即企业采用绿色技术和不采用绿色技术均为稳定策略。

基于上述演化对策的稳定策略，得到以下结论：

当 $0 < z < z_0$ 时，$F'(x)|_{x=0} < 0$，$F'(x)|_{x=1} > 0$，此时 $x=0$ 为均衡点；当 $z_0 < z < 1$ 时，$F'(x)|_{x=0} > 0$，$F'(x)|_{x=1} < 0$，此时 $x=1$ 为均衡点。

如图 3-5 所示，当企业采用绿色技术的投入成本 c_1、银行贷款利率 r 增大时，均会降低企业采用绿色技术的积极性，所以，z 逐渐增大，政府会提高补贴的概率。当碳交易市场单位碳排放量的价格 p_1、企业采用绿色技术后减少的碳排放量 $q\theta_1$、政府赋予企业的碳配额 G 增大时，均会促进企业采用绿色技术，所以，z 逐渐减小，政府会降低对市场的干预，减小补贴的概率。

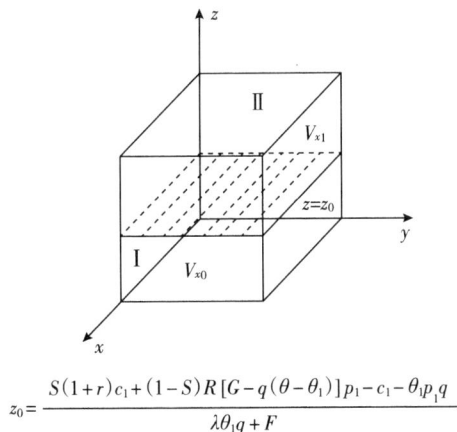

$$z_0 = \frac{S(1+r)c_1 + (1-S)R[G-q(\theta-\theta_1)]p_1 - c_1 - \theta_1 p_1 q}{\lambda\theta_1 q + F}$$

图 3-5 企业相位

三、银行策略稳定性分析

可求出银行提供资金的期望收益 U_{y1}、不提供资金的期望收益 U_{y2} 和平均收益 U_y 分别为

$$U_{y1}=xz\{S(1+r)c_1+(1-S)R[G-q(\theta-\theta_1)]p_1+L-c_2\}+x(1-z)\{S(1+r)c_1+(1-S)R[G-q(\theta-\theta_1)]p_1-c_2\}$$

$$U_{y2}=0$$

$$U_y=yU_{y1}+(1-y)U_{y2}$$

银行决策的复制动态方程可通过演化博弈复制动态公式得出

$$F(y)=y(U_{y1}-U_y)=y(1-y)x\{S(1+r)c_1+(1-S)R[G-q(\theta-\theta_1)]p_1-c_2+zL\}$$

由微分方程和发展稳定策略的性质可知，演化稳定策略需要满足以下条件：$F'(y)<0$。

讨论政府补贴概率 z 的变化对银行向企业提供资金策略的影响。令 $z_1=$

$$z_1=\frac{c_2-S(1+r)c_1-(1-S)R[G-q(\theta-\theta_1)]p_1}{L}$$，由此可知：

（1）当 $z=z_1$ 或 $x=0$ 时，$F(y)\equiv0$，无论 y 取何值，银行策略均稳定，不向企业提供资金。

（2）当 $z\neq z_1$ 且 $x\neq 0$ 时，由 $F(y)=0$ 可以得出，零点为 $y=0$ 和 $y=1$，即银行向企业提供资金和不提供资金均为稳定策略。

基于上述演化对策的稳定策略，得到以下结论：

当 $0<z<z_1$ 时，$F'(y)\big|_{y=0}<0$，$F'(y)\big|_{y=1}>0$，此时 $y=0$ 为均衡点；当 $z_1<z<1$ 时，$F'(y)\big|_{y=0}>0$，$F'(y)\big|_{y=1}<0$，此时 $y=1$ 为均衡点。

如图 3-6 所示，当银行提供资金付出的成本之和 c_2 增大或企业采用绿色技术的投入成本 c_1、银行贷款利率 r 减小时，均会降低银行提供资金的意愿，所以，z 逐渐增大，政府会通过提高补贴的概率，提高银行选择提供资金的概率。当银行选择提供资金时政府给予银行的业务奖励 L 增大时，政府补贴成本增大，补贴的概率会降低，即 z 逐渐减小。

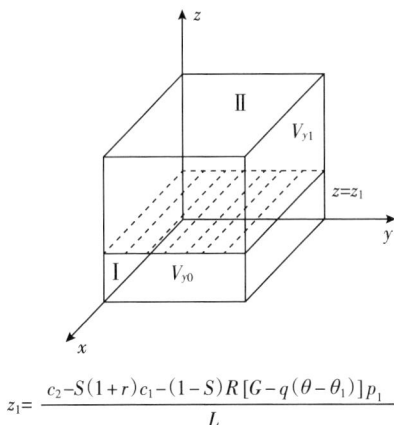

$$z_1 = \frac{c_2 - S(1+r)c_1 - (1-S)R[G-q(\theta-\theta_1)]p_1}{L}$$

图 3-6 银行相位

四、政府策略稳定性分析

可求出政府补贴的期望收益 U_{z1}、不补贴的期望收益 U_{z2} 和平均收益 U_z 分别为

$U_{z1} = xy(a\theta_1 - \lambda c_1 - L) + (1-x)yF + x(1-y)F + (1-x)(1-y)F$

$U_{z2} = xya\theta_1$

$U_z = zU_{z1} + (1-z)U_{z2}$

政府决策的复制动态方程可通过演化博弈复制动态公式得出：

$F(z) = z(U_{z1} - U_z) = z(1-z)(F - xyF - xyL - xy\lambda c_1)$

讨论企业采用绿色技术减排的概率 x 的变化对政府补贴策略的影响。令 $x_0 = \dfrac{F}{yF + yL + y\lambda q\theta_1}$，由此可知：

当 $x \neq x_0$ 时，由 $F(z) = 0$ 可以得出零点为 $z = 0$ 和 $z = 1$，即政府补贴和不补贴均为稳定策略。

基于上述演化对策的稳定策略，得到以下结论：

当 $0 < x < x_0$ 时，$F'(z)\big|_{z=0} > 0$，$F'(z)\big|_{z=1} < 0$，此时 $z=1$ 为均衡点；当 $x_0 < x < 1$ 时，$F'(z)\big|_{z=0} < 0$，$F'(z)\big|_{z=1} > 0$，此时 $z=0$ 为均衡点。

如图 3-7 所示，当企业不采用绿色技术时政府对其的罚款 F 增大时，会增大企业采用绿色技术策略的概率，所以，z 逐渐减小，政府会逐渐减小补贴的概率。当银行选择提供资金时政府给予银行的业务奖励 L、政府对企业采用绿色技术的补贴 $\lambda q\theta_1$ 增大时，企业采用绿色技术的概率会降低，所以政府补贴的概率会增加，即 z 逐渐增大。

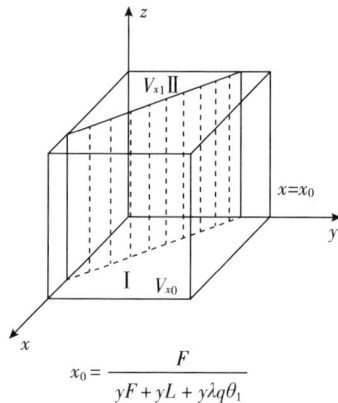

$$x_0 = \frac{F}{yF + yL + y\lambda q\theta_1}$$

图 3-7 政府相位

五、稳定性分析

根据以上计算的三方复制动态方程，构建的复制动态方程系统：

$$F(x) = x(U_{x1} - U_x) = x(1-x)y\{zF + z\lambda c_1 + \theta_1 p_1 q + c_1 - S(1+r)c_1 - (1-S)R[G - q(\theta - \theta_1)]p_1\}$$

$$F(y) = y(U_{y1} - U_y) = y(1-y)x\{S(1+r)c_1 + (1-S)R[G - q(\theta - \theta_1)]p_1 - c_2 + zL\}$$

$$F(z) = z(U_{z1} - U_z) = z(1-z)(F - xyF - xyL - xy\lambda c_1)$$

引理 博弈系统复制动态方程有 8 组策略组合。

证明 根据李雅普诺夫第一法则判断三方博弈各方主体组合策略的稳定性。令 $F(x) = 0$、$F(y) = 0$、$F(z) = 0$ 同时成立，由 Selten 及 Ritzberger 的研究可知，在多种群演化博弈的复制动力系统中，当 x 为纳什平衡时，该策略组 x 是渐近稳定的。当演化对策均衡 x 为渐近稳定时，则 x 必然为纳什均衡，纳什均衡为纯粹的战略纳什均衡，因此对于企业、银行和政府组成的演化博弈系统，存在 8 种不同的均衡策略。策略的渐近稳定性可由雅可比矩阵局部稳定性分析法得出。演化博弈模型对应的矩阵 $\boldsymbol{J}$ 为

$$\boldsymbol{J} = \begin{bmatrix} \dfrac{\partial F(x)}{\partial x} & \dfrac{\partial F(x)}{\partial y} & \dfrac{\partial F(x)}{\partial z} \\ \dfrac{\partial F(y)}{\partial x} & \dfrac{\partial F(y)}{\partial y} & \dfrac{\partial F(y)}{\partial z} \\ \dfrac{\partial F(z)}{\partial x} & \dfrac{\partial F(z)}{\partial y} & \dfrac{\partial F(z)}{\partial z} \end{bmatrix} = \begin{bmatrix} a_{11} & a_{12} & a_{13} \\ a_{21} & a_{22} & a_{23} \\ a_{31} & a_{32} & a_{33} \end{bmatrix} =$$

$$\begin{bmatrix} (1-2x)y\left\{\begin{array}{l}zF+z\lambda c_1+\theta_1 p_1 q+\\c_1-S(1+r)c_1-(1-\\S)R[G-q(\theta-\theta_1)]p_1\end{array}\right\} & x(1-x)\left\{\begin{array}{l}zF+z\lambda c_1+\theta_1 p_1 q+\\c_1-S(1+r)c_1-(1-\\S)R[G-q(\theta-\theta_1)]p_1\end{array}\right\} & x(1-x)y(F+\lambda c_1) \\ y(1-y)\left\{\begin{array}{l}S(1+r)c_1+(1-S)\\R[G-q(\theta-\theta_1)]p_1-\\c_2+zL\end{array}\right\} & (1-2y)x\left\{\begin{array}{l}S(1+r)c_1+(1-S)\\R[G-q(\theta-\theta_1)]p_1-\\c_2+zL\end{array}\right\} & y(1-y)xL \\ z(1-z)(-yF-yL-y\lambda c_1) & z(1-z)(-xF-xL-x\lambda c_1) & (1-2z)\left(\begin{array}{l}F-xyF-\\xyL-xy\lambda c_1\end{array}\right) \end{bmatrix}$$

计算出的特征值如表 3-4 所示。

表 3-4　各均衡点稳定性分析

均衡点	特征值	符号	状态	理想性
$A_1(0,0,0)$	$0,0,F$	$(0,0,+)$	不稳定	
$A_2(0,0,1)$	$0,0,-F$	$(0,0,-)$	不稳定	
$A_3(0,1,0)$	$0,F,\theta_1 p_1 q+c_1-S(1+r)c_1-(1-S)R[G-q(\theta-\theta_1)]p_1$	$(0,+,+)$	不稳定	
$A_4(1,0,0)$	$0,F,S(1+r)c_1+(1-S)R[G-q(\theta-\theta_1)]p_1-c_2$	$(+,+,+)$	不稳定	
$A_5(1,1,0)$	$-L-\lambda c_1,\ c_2-S(1+r)c_1-(1-S)R[G-q(\theta-\theta_1)]p_1,$ $S(1+r)c_1+(1-S)R[G-q(\theta-\theta_1)]p_1-\theta_1 p_1 q-c_1$	$(-,-,-)$	条件（1）下为 ESS	理想
$A_6(1,0,1)$	$0,-F,L+S(1+r)c_1+(1-S)R[G-q(\theta-\theta_1)]p_1-c_2$	$(0,-,+)$	不稳定	
$A_7(0,1,1)$	$0,-F,F+c_1+\lambda c_1+\theta_1 p_1 q-S(1+r)c_1-(1-S)R[G-q(\theta-\theta_1)]p_1$	$(0,-,+)$	不稳定	

均衡点	特征值	符号	状态	理想性
$A_8(1,1,1)$	$L+\lambda c_1$, $c_2-L-S(1+r)c_1-(1-S)R[G-q(\theta-\theta_1)]p_1$, $S(1+r)c_1+(1-S)R[G-q(\theta-\theta_1)]p_1-c_1-F-\lambda c_1-\theta_1 p_1 q$	$(+,-,-)$	不稳定	

注：ESS 为演化稳定策略。条件（1）：$c_2-S(1+r)c_1-(1-S)R[G-q(\theta-\theta_1)]p_1<0$，$S(1+r)c_1+(1-S)R[G-q(\theta-\theta_1)]p_1-\theta_1 p_1 q-c_1<0$。

利用李雅普诺夫判定方法可以对多方博弈系统均衡点的局部稳定性进行具体判断。在某点，若 J 的特征值均小于 0，则均衡点有渐近稳定性，为演化稳定策略；若 J 的特征值均大于 0，则为不稳定点；若 J 的特征值有一个或两个大于零，则为鞍点。16 个可能的均衡点处的特征值及正负情况见表 3-4，"+""-""S"分别代表特征值大于 0、小于 0、正负未定。由表 3-4 各个点的情况可知，A_1、A_2、A_3、A_4、A_5、A_6、A_7、A_8 分别是可能的进化策略，其中 A_5 代表政府选择不补贴的策略，是本章所要研究的理想状态。

由表 3-4 可知，想要使企业、银行向着更绿色方向发展必须满足以下条件：$c_2-S(1+r)c_1-(1-S)R[G-q(\theta-\theta_1)]p_1<0$，$S(1+r)c_1+(1-S)R[G-q(\theta-\theta_1)]p_1-\theta_1 p_1 q-c_1<0$，即企业使用银行贷款后还给银行的费用大于银行提供资金付出的成本之和，企业采用绿色技术时减排行为增加的收益大于企业需要向银行偿还的资金总额。此时，该演化博弈系统最理想稳定策略为｛采用绿色技术，提供资金，不补贴｝，博弈系统自发向更绿色健康稳定的方向发展。

六、数值仿真

为验证稳定性分析的有效性，更加直观地观测各种因素对博弈主体策略选择的影响，本章在前文理论分析的基础上，运用 MATLAB 2022a 对三方博弈系统中参与主体的行为演化进行数值模拟分析。考虑到绿色供应链的实际情况，初始参数设置时使参数满足 $c_2-S(1+r)c_1-(1-S)R[G-q(\theta-\theta_1)]p_1<0$，$S(1+r)c_1+(1-S)R[G-q(\theta-\theta_1)]p_1-\theta_1 p_1 q-c_1<0$，则此博弈模型会演化到｛采用绿色技术，

提供资金，不补贴}。《工业和信息化部等七部门关于加快推动制造业绿色化发展的指导意见》指出，以精准、协同、可持续为导向，完善支持绿色发展的财税、金融、投资、价格等政策，创新政策实施方式，逐步建立促进制造业绿色化发展的长效机制。通过现有财政资金渠道，重点支持绿色低碳重大技术装备攻关、绿色低碳产业基础设施建设等方向和领域。以家电企业格力和美的的年度报告为例，政府财政奖励、项目资金资助约占营业收入的 0.44%，取 A 为 0.44。根据中国人民银行 2022 年 6 月 20 日发布的商业贷款基准利率（LPR），贷款 5 年期以上的年化利率为 4.45%，取 r 为 0.045。另外，国家统一的碳市场还不够成熟，缺少与之相配套的相关法律法规、数据与经验，因而只能选择具有代表性的碳市场供研究。在目前阶段，湖北、广东开展了较为大型的碳排放交易试点。北京和上海的碳市场价格浮动较大，不能很好反映中国的碳市场交易情况。湖北证券交易所起步虽迟，但活力更强，自上市以来，无论是碳交易的数量还是价格都一直在稳步上升。湖北碳排放总量研究市场的运作状态能更好地刻画政府与政府之间的博弈，从而为更好地理解统一的碳市场提供了参考。在这一基础上，参考《湖北碳交易市场》和《中国环境保护条例》等相关资料，选取了湖北碳市场作为初始碳价格和碳排放限额的初始价格。虽然湖北 2014—2019 年的碳交易价格起伏不定，但是大多数时候保持在每吨 20 元左右，所以笔者以每吨 20 元的碳价为起点。根据湖北省统计与环保部门近年来的统计企业碳排放限额，仍然保持在 2.5 千万吨，因此本章碳配额的初始值设置为 25×10^7 吨，取 G 为 25。假定初始时各方策略选择的比例 x、y、z 分别为 0.2、0.2、0.2，使仿真分析的结果更便于观察。综上所述，各参数赋值为 $F=15$，$\lambda=0.44$，$G=25$，$L=5$，$S=0.5$，$\theta_1=2$，$p_1=20$，$c_1=50$，$q=3$，$r=0.045$，$c_2=25$，$R=0.5$。

$$c_2-S(1+r)c_1-(1-S)R[G-q(\theta-\theta_1)]p_1<0, \quad S(1+r)c_1+(1-S)R[G-q(\theta-\theta_1)]p_1-\theta_1 p_1 q-c_1<0$$

拟定的基础数组满足均衡点 $A_5(1,1,0)$ 成立的条件，从不同的初始策略组合开始，随着时间的推移，演化了 50 次，得到了如图 3-8 所示的结果。

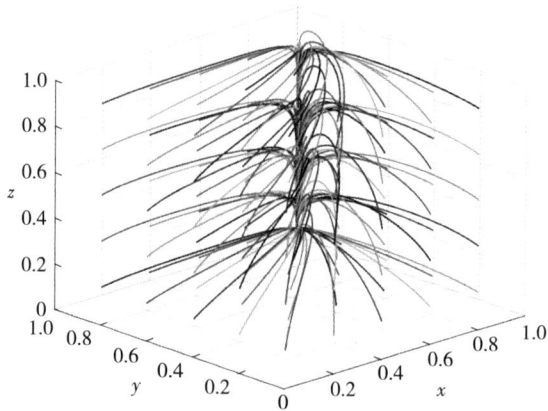

图 3-8　基础数组 50 次演化示意

由图 3-8 可知，此时的系统仅有（1,1,0）的进化稳定策略组合，这与上述结论是一致的。企业采用绿色技术、银行向企业提供资金的必要条件：企业使用银行贷款后还给银行的费用大于银行提供资金付出的成本之和、企业采用绿色技术时减排行为增加的收益大于企业需要向银行偿还的资金总额，因此模拟计算结果与平衡点稳定分析结果是一致且有效的。

初始策略比例对博弈主体策略选择的影响如图 3-9 所示。

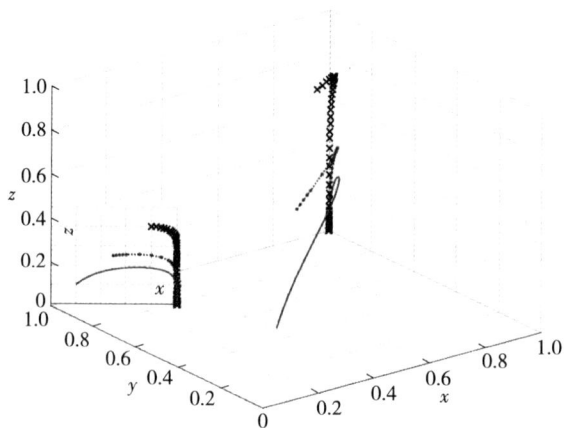

── 表示 $(x, y, z) = (0.2, 0.2, 0.2)$　…… 表示 $(x, y, z) = (0.5, 0.5, 0.5)$　× 表示 $(x, y, z) = (0.8, 0.8, 0.8)$

图 3-9　初始策略比例对博弈主体策略选择的影响

单位产品的碳减排量 θ_1 对博弈主体策略选择的影响如图 3-10 所示。分别赋予企业采用绿色技术时单位产品的碳减排量 $\theta_1=1$、$\theta_1=3$、$\theta_1=6$，分析碳减排量的大小对企业、银行及政府行为策略演化过程的影响，其中 x 为企业策略，y 为银行策略，z 为政府策略。

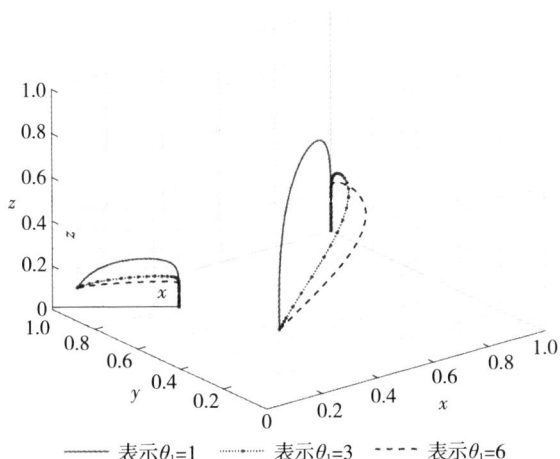

图3-10 单位产品碳减排量 θ_1 对博弈主体策略选择的影响

由图 3-10 可知，单位产品碳减排量较小时，企业采用绿色技术的概率较低，政府会增加补贴的概率，直至企业采用绿色技术的概率较大时，政府补贴的概率才逐渐减小到 0。单位产品碳减排量较大时，企业积极采用绿色技术，且单位产品碳减排量越大政府补贴的概率越小。当银行提供资金的概率保持不变时，企业单位产品碳减排量越小，企业采用绿色技术的概率越小。

碳配额 G 对博弈主体策略选择的影响如图 3-11 所示。分别赋予政府给予企业的碳配额 $G=15$、$G=25$、$G=35$，分析碳配额的大小对企业、银行及政府行为策略演化过程的影响。

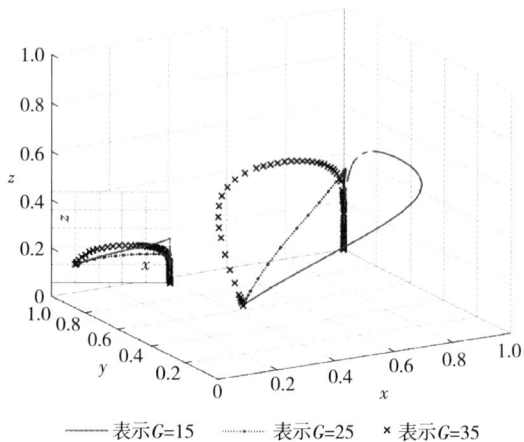

——表示G=15   ·-·-·表示G=25   ×表示G=35

图 3–11 碳配额 G 对博弈主体策略选择的影响

由图 3–11 可知，当碳配额大小适中时，企业、银行选择采用绿色技术、提供资金策略的概率最大，因此政府补贴的概率较小；当企业采用绿色技术的概率较低，碳配额远大于企业不采用绿色技术的碳排放量时，企业趋于选择不采用绿色技术，因此政府补贴的概率有所上升；当企业采用绿色技术的概率较大、碳配额较小时，银行趋于不提供资金，因此政府补贴的概率增加。

企业采用绿色技术时政府对企业的补贴系数 λ 对博弈主体策略选择的影响如图 3–12 所示。分别赋予企业采用绿色技术时政府对企业的补贴系数 $\lambda=0$、$\lambda=0.44$、$\lambda=1$，分析补贴系数的大小对企业、银行及政府行为策略演化过程的影响。

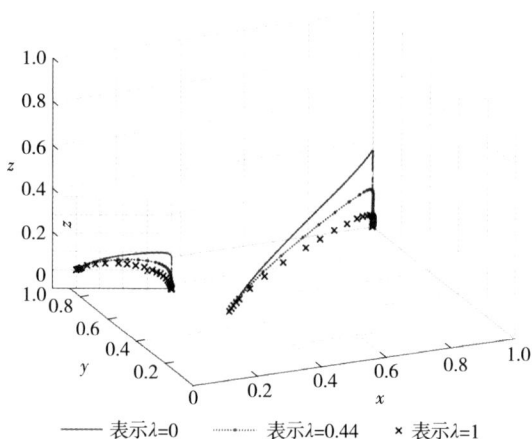

——表示λ=0   ·-·-·表示λ=0.44   ×表示λ=1

图 3–12 企业采用绿色技术时政府对企业的补贴系数 λ 对博弈主体策略选择的影响

由图 3-12 可知，政府对企业采用绿色技术的补贴系数越大，企业选择采用绿色技术的概率越大，因此政府选择补贴的概率越小。对于银行而言，在政府的业务奖励和企业偿还的利息作用下，趋于选择提供资金策略。

企业按时还款的概率 S 对博弈主体策略选择的影响如图 3-13 所示。分别赋予企业按时还款的概率 $S=0$、$S=0.5$、$S=1$，分析按时还款概率的大小对银行及政府行为策略演化过程的影响。

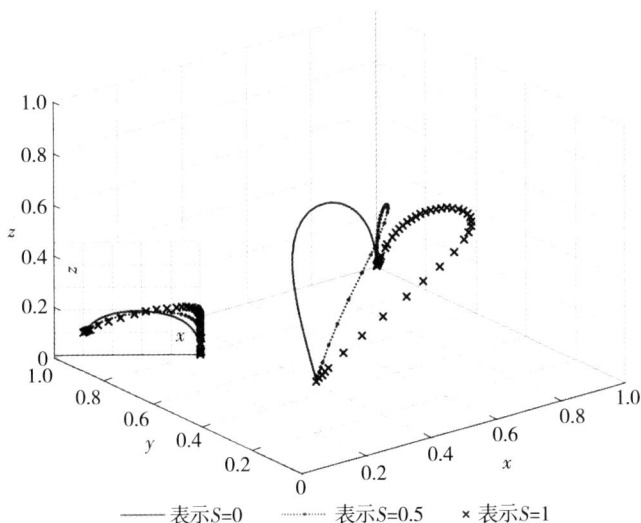

图 3-13 企业按时还款的概率 S 对博弈主体策略选择的影响

由图 3-13 可知，企业采用绿色技术的概率较小时，企业按时还款的概率越小，银行面临的风险越大，银行提供资金的概率越小，因此政府补贴的概率越大；同时，企业采用绿色技术的概率较大时，企业按时还款的概率越大，银行通过回收企业的碳资产获利的可能性越小，银行提供资金的概率越大，因此政府补贴的概率越小。

第四节　本章小结

首先，当单位产品碳减排量较小时，企业采用绿色技术的积极性显著降低，此时政府需要加大补贴力度，以起到激励作用；当单位产品碳减排量较大时，企业采用绿色技术的积极性显著提高，同时政府的补贴力度逐渐降低。企业按时还款的概率会直接影响银行的资金提供决策。若按时还款概率较低，银行面临的风险随之增大，进而导致资金支持减少，而政府补贴的概率相应增大；若按时还款概率较高，银行会增加资金支持，政府补贴的概率会减小。

其次，适中的碳配额能够推动企业和银行分别作出采用绿色技术和提供资金支持的策略。然而，当碳配额过大或者过小时，企业和银行的行为策略会发生调整，政府补贴的概率也会随之改变。随着政府提高对企业采用绿色技术的补贴系数，企业选择采用绿色技术的概率会提高；若政府补贴系数降低，补贴力度会减小，企业选择采用绿色技术的概率也会降低。并且，在政府的激励下，银行会趋向于为企业提供资金支持。

最后，基础数组的模拟演化结果表明，在符合均衡点 $A_5(1,1,0)$ 的条件下，系统最终仅存在（1,1,0）这一进化稳定的策略组合。这意味着，企业采用绿色技术并且获得银行资金支持的策略组合在均衡状态下不仅是独一无二的，而且是稳定的。初始策略组合的比例对博弈主体的策略选择具有显著影响。即便在初期策略比例有所差异的情况下，演化结果也可能会有所不同，但在演化进程中，系统最终都会趋向均衡点。

第四章　产业间碳配额分配及减污降碳协同机制研究

　　碳排放配额分配作为实现区域碳减排的重要政策工具，通过合理分配碳配额、明晰碳排放权利与减排目标，以实现对区域碳排放的控制。而制定合理的碳配额分配方案是实现中国碳达峰目标的重要内容，也是落实碳排放总量控制目标的重要抓手。然而现实情况下，基于综合原则的分配方案能有效平衡能源消耗与碳排放水平的差异，并且能兼顾环境效率和经济效益，更容易被产业部门及工业各行业所接受。基于此，本章在第三章的基础上，针对碳减排主体从碳配额分配的视角进行更加深入的研究。首先，从产业部门的角度出发，综合运用 ZSG-DEA 模型、熵值法等，设计基于公平、效率和综合原则的碳配额分配方案。在碳市场规制下，通过构建减排压力指数和减排成本模型对比分析它们的减排效应。其次，从工业分行业的角度出发，基于同样的分配原则，运用非径向方向性距离函数对碳配额的减污降碳协同效应进行实证分析，从而为中国相关部门的碳配额分配政策制定及减排主体的成本效益计算、碳交易选择等提供参考。

第一节 公平、效率及综合原则下中国产业间碳配额分配研究

一、引言

自工业革命以来，地球平均温度已上升约 1.1℃，极端天气事件发生频率增加，威胁着地球的生态平衡与人类社会的可持续发展。大力推进减污降碳、控制温室气体排放和阻止全球变暖成为世界各国的重要话题，其中控制碳排放是主要关注点之一。为应对全球气候变暖问题，作为最大的发展中国家及 CO_2 排放总量最多的国家，中国在第七十五届联合国大会上承诺 CO_2 排放到 2030 年达到峰值，努力争取 2060 年前实现碳中和。党的二十大提出要推动绿色发展，坚持降碳、减污、扩绿、增长协同推进。习近平总书记指出，"十四五"时期我国生态文明建设进入了以降碳为重点战略方向、推动减污降碳协同增效、实现生态环境质量改善由量变到质变的关键时期。减污降碳协同增效已逐渐成为改善生态环境的出发点、实现美丽中国建设的着力点。为有序推进碳达峰工作，中国"十四五"规划和《国务院关于印发 2030 年前碳达峰行动方案的通知》提出"与 2020 年相比，到 2025 年能源消耗强度下降 13.5%，碳强度下降 18%"的约束性目标。碳配额的合理分配是实现政策目标（令狐大智等，2021）、保证碳市场健康平稳运行（胡东滨等，2017）的基石。随着全国统一碳排放权交易市场建设的不断完善，在加强碳交易管理的同时，相关部门正在积极探索普遍适用且科学、合理的分配方案。此外，为有序推进碳达峰工作，协同推进减污降碳，并对能源强度和碳强度进行约束。作为实现减排的重要政策工具，碳配额分配制度是实现碳排放控制和碳市场稳定运行的基础与核心内容。

现有碳配额的研究主要涉及分配主体、分配原则、分配效率和分配方法等内容。在分配主体方面，目前学者针对碳配额的研究多局限于国家、区域、省级层

面（Cai and Ye，2019；吴凤平、韩宇飞，2023；冯青等，2023）或只针对单一行业（齐绍洲等，2021；宋亚植等，2023；王志强等，2024），仅少数学者针对产业部门层面进行了探索（胡剑波等，2023），进一步聚焦工业领域的研究则更少，对工业减排政策的制定无法提供完善有力的支撑。在分配原则方面，其包括公平和效率两类原则。针对公平分配，学者大多仅考虑碳排放历史责任原则，该原则由于数据获取容易且计算过程简单常被作为公平原则。然而，这种基于历史责任原则的分配方案不利于经济可持续发展（王文举、陈真玲，2019），因此其仍有待改进。除此之外，还需尊重各减排主体在降碳能力、经济发展方面的差异性（Zhou and Wang，2016）。在分配效率方面，ZSG-DEA模型提供了一种资源分配问题的研究方法（傅京燕、黄芬，2016；齐绍洲等，2021；叶沛筠等，2023）。效率分配强调以最小成本实现最大减排目标（Cucchiella et al.，2018），能够减少公平分配造成的效率损失（郭文等，2017）。将公平原则与效率原则进行耦合（于倩雯、吴凤平，2018），通过协调公平与效率可以确保不同水平的减排主体共同发挥减排动力（吴凤平、韩宇飞，2023），产生优于单一原则的降碳效应（王文举、陈真玲，2019）。相关研究发现，单一分配原则往往有所偏颇，可能出现极端的分配结果（Höhne et al.，2014），难以被不同减排主体所接受，从而在实践中的应用和推广受到制约。近年来，很多学者将公平与效率指标融合起来研究碳配额分配（王倩、高翠云，2016；冯晨鹏等，2020）。分配方法方面，公平性评价指标多采用基尼系数（李建豹等，2020），针对效率评价，学者将单位GDP能耗（Zhou et al.，2021）、碳生产率（熊小平等，2015）等作为效率指标，也有部分学者使用其他方法进行效率分析。其中数据包络模型（DEA）无须事先设定模型的形式，可以对多投入多产出复杂系统进行评价，因而得到了广泛应用。ZSG-DEA模型可以在解决总量既定约束下体现主体博弈过程的决策单元效率评价问题，目前被广泛应用于碳配额分配问题研究（付京燕、黄芬；2016）。然而，由于分配原则和方法具有多样性，目前尚未形成具有共识性的分配方案。在碳市场规制下，盈余的碳配额可以在二级市场进行交易。因此，除静态角度研究碳配额的公平性与效率性外，动态碳交易研究也不可忽视。

总体上看，有关碳配额分配的研究已经取得一些进展，现有文献对碳配额分配原则、分配方法的研究为本书提供了重要参考。基于以上分析，本章以2025年碳排放总量控制为约束目标，设计出基于公平、效率和综合原则的三种产业部门碳配额分配方案：一是从减排责任和减排能力两个方面考虑基于公平原则分配方案的设计，侧重强调产业部门碳减排的差异性公平。这种分配方案在传统基于历史责任原则分配的基础上，融入经济可持续发展原则，目的是调动产业部门的减排积极性。二是在碳排放约束、经济增速两个维度四种情景设置的基础上，构建基于总量控制的 ZSG–DEA 模型，通过迭代求解得到最有效率的产业部门碳配额分配方案。三是将基于公平与效率原则的两种分配结果通过计算信息熵进行耦合，得到融合两种分配方案优势的综合性分配方案。在此基础上，通过构建减排压力指数、碳交易模型和减排成本模型定量对比分析了不同分配方案的减排效应。

二、中国产业部门碳配额分配方案设计

（一）公平原则分配方案设计

碳配额分配的公平性关系到其分配结果能否被更多的参与者接受。针对碳配额分配的公平问题，与注重排放主体福利损失的国家、省级区域的碳配额分配不同，产业部门的碳配额分配应考虑到异质性问题，侧重减排差异性平衡。因此，本节在考虑历史减排责任的基础上，将产业部门差异化的减排能力融入公平原则中，结合奖惩机制构建公平优先原则的分配方案。

1. 减排责任测算

在中国，由国家公布的相关统计信息可知，中国碳排放占比最大的能源部门

约占 51%，这与能源资源禀赋存在"富煤贫油少气"特征有关；占比第二的是工业部门，约为 28%，其中钢铁、建材、石油化工等是目前的碳排放大户，对碳排放影响较大。这些高碳行业是控制碳排放的重要部门，但在经济发展中具有重要的支撑作用。

本节通过累计碳排放量测算减排责任。按照公平原则，累计碳排放量较高的产业部门在未来的碳配额分配过程中应承担更多的减排责任，分得更少的碳配额；而累计碳排放量较低的产业部门在未来的碳配额分配过程中应分得更多碳配额。

2. 减排能力测算

基于减排责任测算的碳配额方案能够体现公平原则，然而如果忽略了产业部门的减排能力，那么减排责任分担较多的产业部门的经济效率将难以保证，不利于经济的可持续发展。因此，公平原则的碳配额分配有必要在减排责任的基础上综合考虑不同产业部门的经济发展情况。考虑到产业部门数据可得性，本章采用总产出指标测算碳减排能力，将碳配额总量按照与总产出相适应的比例进行分配。计算式为

$$A_n = Y_n / Y \cdot Q \tag{4-1}$$

式中：A_n 为与产业部门 n 总产出相适应的碳排放量；Y_n 为产业部门 n 的总产出；Y 为整个产业部门的总产出；Q 为待分配的碳配额总量。

3. 公平原则分配方案设计

公平原则是在应对气候变化中被提及最多的一个原则，"公平原则"体现了"共同但有区别的责任"。公平原则含义丰富，包含平等主义、污染者付费原则、历史累计排放计算等，其实质是体现区域平等的发展权。本节遵循公平原则，从减排责任和减排能力两个方面进行分配方案设计，通过设计一种奖惩机制，在按照减排责任分配碳配额总量的基础上，对于与经济发展水平相适应的产业部门，其碳配额予以补偿，反之则进行削减。具体而言，设 $n = 1, 2, \cdots, 14$ 代表 14 个产业部门；$Q_{n公平}$ 为产业部门 n 的碳配额；m_n 为减排责任份额，即产业部门 n 年均历史责任占整个产业部门年均历史责任的比重；B_n 为 2025 年产业部门 n 的预测碳排

放量。基于此，公平原则下 2025 年产业部门 n 的碳配额 $Q_{n公平}$ 应按如下方式分配：

$$Q_{n公平} = Q \cdot m_n + (A_n - B_n) \tag{4-2}$$

（二）效率原则分配方案设计

要完全公平地进行碳配额分配，是一项庞大而复杂的系统工程，不仅涉及碳排放历史数据的核算，还要充分考虑发展基础和发展愿景，以及减排能力、减排责任和减排潜力等各种要素；不仅要求所有地区参与其中，还要考虑各产业（行业）的参与。因此，在坚持公平原则的同时，还必须兼顾效率原则。效率原则意味着排放效率高的省份在相同的产出环境下可以排放更少的碳，其实质是强调减排的潜力。为了探究不同约束目标对中国产业部门碳配额的影响，首先针对中国 2025 年和 2030 年碳排放约束目标和经济发展状况等设置假设情景。在此基础上，构建 ZSG-DEA 模型，通过迭代求解最终获得更多产业部门达到生产前沿的碳配额效率分配方案。

1. 情景设置

本章参考郭文等（2017）的方法，从经济增长和碳强度约束两个维度设置四种情景来进行分析。其中，经济增长设置高速和低速两种情景，按照 2015—2022 年平均经济增长率设置高速经济增长率，借鉴黄煌（2020）的相关参数设定，设置低速经济增长率为 6%；碳强度约束分为严格和宽松两种，以 2025 年碳强度较 2005 年下降 18% 为严格约束，将根据"2030 年碳强度较 2005 年下降65%"折算出的 2025 年碳强度，作为宽松约束。

2. ZSG-DEA 模型

随着环境保护和绿色发展意识的增强，国内学者也参与到绿色全要素生产率的测度研究中。由于污染物价格信息无法获取等，非参数的数据包络分析法成为主要的测度方法。然而传统的 DEA 模型往往假设相关的 DMLI 是相互独立的，此时 DEA 模型只能计算出相对效率，无法进行效率的调整。在排放分配问题上，碳排放总量保持不变，利用 DEA 模型只能计算出每个省份分配的相对效率，这在讨论固定资源下的碳排放配额分配问题时具有明显的局限性。在这种情况下，利用 ZSG–DEA 模型，可以调整 DEA 值从而实现有效分配。代表性学者 Lins 和 Gomes（2003）将零和博弈的思想融入 DEA 分析，运用 ZSG–DEA 模型解决总量既定的资源分配问题。

在 2025 年碳排放总量约束条件下，碳排放作为一种权利在不同产业部门之间具有竞争性。这表明碳配额分配应在协同发展的总体性战略思维的基础上充分体现相互竞争，与 ZSG–DEA 模型假设相符。因此，本章将 ZSG–DEA 模型应用于处理碳配额效率分配问题。参考王文举和孔晓旭（2022）的做法，采用规模报酬不变、产出导向的 ZSG–DEA 模型制定碳配额在中国产业部门之间的分配方案。

首先，生产函数描述了一定技术条件下投入与产出之间的关系，反映了某一特定要素投入组合在现有技术条件下能且只能实现的最大产出。本章研究的环境生产技术满足标准的生产函数理论，因此构建 ZSG–SBM 模型测算效率，如式（4–3）所示：

$$\varphi_o^* = \min\left[1 + \frac{1}{2}\left(\frac{S_n^y}{y_n} + \frac{S_n^c}{c_n}\right)\right]$$

$$\text{s.t.}\begin{cases} \sum_{m=1}^{N}\lambda_m y_m - S_n^y = y_n \\ \sum_{m=1}^{N}\lambda_m c_m + S_n^c = c_n \\ \sum_{m=1}^{N}\lambda_m e_m + S_n^e = e_n \\ \sum_{m=1}^{N}\lambda_m l_m + S_n^l = l_n \\ \sum_{m=1}^{N}\lambda_m k_m + S_n^k = k_n \\ \sum_{m=1}^{N}\lambda_m = 1 \\ S_n^y, S_n^c, S_n^e, S_n^l, S_n^k, \lambda_m \geqslant 0 \end{cases} \quad (4\text{--}3)$$

式中：φ_o^* 为投入和产出要素的平均效率；y_n、c_n 分别为总产出和碳排放量；e_n、l_n 和 k_n 分别为能源消费总量、人力资本和资本存量；S_n^y、S_n^c、S_n^e、S_n^l 和 S_n^k 为相应要素的松弛变量，n 为中国产业部门，$n=1$，2，$\cdots$，N；λ 为正的强度向量。

其次，构建 ZSG-DEA 模型，进行碳配额总量的效率分配。表达式如下：

$$\varphi_o^* = \min \frac{c_n - S_n^c}{c_n}$$

$$\text{s.t.} \begin{cases} \sum_{m=1}^{N} \lambda_m y_m - S_n^y = y_n \\ \sum_{m=1}^{N} \lambda_m c_m + S_n^c = c_n \\ \sum_{m=1}^{N} \lambda_m e_m + S_n^e = e_n \\ \sum_{m=1}^{N} \lambda_m l_m + S_n^l = l_n \\ \sum_{m=1}^{N} \lambda_m k_m + S_n^k = k_n \\ \sum_{m=1}^{N} \lambda_m = 1 \\ S_n^y, S_n^c, S_n^e, S_n^l, S_n^k, \lambda_m \geqslant 0 \end{cases} \tag{4-4}$$

在碳排放权总量不变的假设下，一个产业部门的碳排放权增加意味着其他产业部门需减少相同数量的碳排放权。因此，本节参考刘海英和王钰（2020）的设定，采用比例法将低效率产业部门的碳排放权分配给高效率产业部门，这种调整可以提高产业部门整体及各部分的有效性。根据比例分配原则，当第 n 个产业部门减少 $c_n(1-\varphi_n^c)$ 单位碳排放权时，相应地向其他产业部门分配相同数量的碳排放权，具体做法是按照其余产业部门的实际碳排放量占除第 n 个产业部门外所有其余产业部门的比重进行重新分配，此时第 i 个产业部门增加 $c_n(1-\varphi_n^c) \cdot \dfrac{c_i}{\sum_{m=1, m \neq n}^{N} c_m}$ 单位碳排放权。所有产业部门调整后，第 i 个产业部门增加

$$\sum_{m=1,m\neq n}^{N}\left(c_n(1-\varphi_n^c)\cdot\frac{c_i}{\sum\limits_{m=1,m\neq n}^{N}c_m}\right)$$ 单位碳排放权，并且减少 $c_i(1-\varphi_i^c)$ 单位碳排放权。所

以经过一次调整后，第 i 个产业部门的碳配额为

$$
\begin{aligned}
c_i^{'} &= c_i + \sum_{m=1,m\neq n}^{N}\left(c_n(1-\varphi_n^c)\cdot\frac{c_i}{\sum\limits_{m=1,m\neq n}^{N}c_m}\right) - c_i(1-\varphi_i^c) \\
&= c_i\varphi_i^c + \sum_{m=1,m\neq n}^{N}\left(\frac{c_n(1-\varphi_n^c)c_i}{\sum\limits_{m=1,m\neq n}^{N}c_m}\right)
\end{aligned}
\tag{4-5}
$$

最后，参考林坦和宁俊飞（2011）使用迭代法求解，最终得到更多产业部门达到有效边界的效率分配方案。

（三）综合原则分配方案设计

综合原则分配方案既能体现出产业部门差异的均衡性，又能兼顾绿色效率和经济效益。多数学者认为，兼顾公平与效率的综合性分配方案较单一的公平和效率原则分配方案有更大优势。

本节使用熵值法，综合公平与效率两种原则的分配结果，获得基于综合原则的分配方案进行设计。在多种综合评价方法中，熵值法作为一种客观赋权方法，因其数据要求低且计算过程简单而得到了普遍应用。熵值法的基本思想是根据数据本身的离散程度确定权重，数据越离散，则包含的信息越大，其权重往往越小；反之则权重越大。熵值法计算方式为

$$Q_{n\text{综合}} = W_1 Q_{n\text{公平}} + W_2 Q_{n\text{效率}} \tag{4-6}$$

为了客观地验证基于综合原则的碳配额分配在三种分配方案中最优这一观点，笔者后续将从减排压力和减排成本两个方面对三种分配结果进行深入分析。

三、中国产业部门碳配额分配方案减排效应分析方法

（一）减排压力指数构建

不同碳配额方案下各产业部门的碳配额均存在不同程度的盈余或不足，当预测的碳排放量过高而碳配额较少时，将会增加产业部门的减排压力。为定量比较各产业部门承担的减排压力，本章基于预测的 2025 年碳排放量和碳配额数据，参考戴晓峰等（2022）的研究，构建碳减排压力指数 PC，计算式为

$$PC_n = \frac{Q_{no} - Q_{nz}}{Q_{no}} \times 100\% \qquad (4-7)$$

式中：Q_{no} 为 2025 年第 n 个产业部门的碳排放量；Q_{nz} 为分配的第 n 个产业部门碳配额。若 PC 大于 0，则产业部门需要承担减排压力，数值越大需要承担的减排压力越大；若 PC 小于 0，则产业部门无须承担减排压力。

（二）减排成本模型构建

在碳市场规制下，为定量化检验碳配额政策的成本有效性，本节构建减排成本模型，进一步对比分析不同原则分配方案的减排成本效应。

1. 碳交易模型构建

碳交易是处于动态变化之中的，考虑到尽管理论上分配不影响二级市场的市场运行，但分配方案将会间接影响市场参与主体的成本与收益，那么需要对分配方案如何影响市场交易行为进行探究，从而调整优化碳配额。本节在碳配额静态分配的基础上进行扩展，构建碳交易模型，测算碳市场规制下采用不同原则分配方案产生的产业部门碳交易量。

本节以 Färe 等（2013）的市场交易模型为基础，参考刘海英和王钰（2020）的方法进行两处调整，具体表现如下：第一，假设碳排放权可以实现市场出清，即碳排放权的供求相等，因为只有在市场出清的情况下才能形成交易价格；第

二，与前文总产出不变假设的不同之处在于，本部分将期望产出最大化替换为以最大潜在产出增量为目标，以便直观地获得目标函数下的产出增减情况。假设规模报酬不变，所构建的碳交易模型为

$$\alpha = \max \sum_{n=1}^{N} a_n$$

$$\text{s.t.} \begin{cases} \sum_{m=1}^{N} z_{mn} \times y_m \geqslant y_n + a_n \\ \sum_{m=1}^{N} z_{mn} \times c_m = \bar{c}_n + b_n \\ \sum_{m=1}^{N} z_{mn} \times e_m \leqslant e_n \\ \sum_{m=1}^{N} z_{mn} \times l_m \leqslant l_n \\ \sum_{m=1}^{N} z_{mn} \times k_m \leqslant k_n \\ \sum_{m=1}^{N} b_n = 0 \\ z_{mn} \geqslant 0, m, n = 1, 2, \cdots, N \end{cases} \qquad (4\text{-}8)$$

式中：y_n、c_n、e_n、l_n 和 k_n 的含义均与式（4-3）中的相同；α 为最大潜在产出增量之和；a_n 为潜在产出增量；$\bar{c}_n$ 为不同分配原则下的碳配额；b_n 为碳交易量；m，$n = 1, 2, \cdots, N$ 为产业部门的数量；z_{mn} 为权重变量。

2. 减排成本模型

科学准确地测算和分析 CO_2 边际减排成本是设计碳配额分配方案的基础性工作，现有相关研究文献较多。然而，在多种边际减排成本测算模型中，基于效率分析视角的影子价格模型是一种常用的重要方法。影子价格模型能够测算企业、行业和地区层面的 CO_2 边际减排成本，加之对样本数据的要求较为宽松，因此被研究者广泛采用。

基于此，本章利用影子价格测度边际减排成本。影子价格通过构造非径向方向距离函数模型，利用对偶变换估算得到。具体模型为

$$\overline{D}(e,l,k,y,c;\boldsymbol{g}) = \max\{w_e\beta_e + w_l\beta_l + w_k\beta_k + w_y\beta_y + w_c\beta_c\}$$

$$\text{s.t.}\begin{cases} \sum_{m=1}^{N}\lambda_m e_m \leqslant e - \beta_e g_e \\ \sum_{m=1}^{N}\lambda_m l_m \leqslant l - \beta_l g_l \\ \sum_{m=1}^{N}\lambda_m k_m \leqslant k - \beta_k g_k \\ \sum_{m=1}^{N}\lambda_m y_m \geqslant y + \beta_y g_y \\ \sum_{m=1}^{N}\lambda_m c_m = c - \beta_c g_c \\ \lambda_m \geqslant 0, m = 1,2,\cdots,N \\ \beta_e, \beta_l, \beta_k, \beta_y, \beta_c \geqslant 0 \end{cases} \tag{4-9}$$

式中：$\boldsymbol{g} = (g_e, g_l, g_k, g_y, g_c)$ 为方向向量；$\boldsymbol{\beta} = (\beta_e, \beta_l, \beta_k, \beta_y, \beta_c)^{\mathrm{T}}$ 为松弛向量；$\boldsymbol{w}^{\mathrm{T}} = (w_e, w_l, w_k, w_y, w_c)$ 为权重向量。参考 Fukuyama 和 Weber（2009）、刘华军等（2023）的做法，假设投入产出系统同等重要，当单独降低碳排放时，方向向量设置为 $\boldsymbol{g} = (-g_e, -g_l, -g_k, g_y, -g_c)$，权重矩阵设置为 $\boldsymbol{w}^{\mathrm{T}} = \left(\dfrac{1}{6}, \dfrac{1}{6}, \dfrac{1}{6}, \dfrac{1}{4}, \dfrac{1}{4}\right)$。

式（4-9）的对偶模型为

$$\min q_e e_0 + q_l l_0 + q_k k_0 - q_y y_0 + q_c c_0$$

$$\text{s.t.}\begin{cases} q_e e + q_l l + q_k k - q_y y + q_c c \geqslant 0 \\ q_e \geqslant \dfrac{1}{g_e}, q_l \geqslant \dfrac{1}{g_l}, q_k \geqslant \dfrac{1}{g_k}, q_y \geqslant \dfrac{1}{g_y}, q_c \geqslant \dfrac{1}{g_c} \end{cases} \tag{4-10}$$

求解得到边际减排成本（mac_c）为

$$q_c = -q_y \frac{\partial \boldsymbol{D}(e,l,k,y,c;g)/\partial c}{\partial \boldsymbol{D}(e,l,k,y,c;g)/\partial y} = -q_y \frac{p_y}{p_c} = mac_c \tag{4-11}$$

式中：q_c 为非期望产出的市场价格；q_y 为期望产出的市场价格；p_c 和 p_y 分别为它们的影子价格。参考陈诗一（2011）、闫庆友等（2020）的研究，将 q_y 设为 1 元，此时，边际减排成本等于影子价格之比。在碳市场规制下，将碳配额作为初始碳排放进行测算。根据边际减排成本测算结果，结合碳市场的交易行为，总减排成本分为以下两种情况。

如果不存在碳交易，则产业部门 n 的总减排成本为

$$tc_n = (c_n - \bar{c}_n) \cdot mac_{cn} \tag{4-12}$$

如果存在碳交易，用 c_n^* 表示碳交易量，那么产业部门 n 的总减排成本为

$$tc_n = (c_n + c_n^* - \bar{c}_n) \cdot mac_{cn} \tag{4-13}$$

当 $tc_n > 0$ 时，产业部门 n 存在超额碳排放，需要付出减排成本；当 $tc_n < 0$ 时，产业部门 n 存在碳配额盈余，可以通过碳交易获得额外收益。

四、实证分析与方案比较

（一）数据与指标

1. 产业部门划分

首先，进行产业部门划分。结合 2020 年分行业能源消费数据和《国民经济行业分类》（GB/T 4754—2017），参考 2017 年、2020 年中国投入产出表，将 97 个行业整合成以下 14 个产业部门，如表 4-1 所示。

表 4-1　产业部门具体划分情况

产业部门	代码	具体行业
1	01~05	农林牧渔业
2	06~12	采矿业
3	13~16	食品、饮料制造及烟草制品业
4	17~19	纺织、服装及皮革产品制造业
5	25~29	炼焦、燃气、石油加工及化学工业
6	30	非金属矿物制品业
7	31~33	金属产品制造业
8	34~40	机械设备制造业
9	20~24、41~43	其他制造业

产业部门	代码	具体行业
10	44~46	电力、热力及水的生产和供应业
11	47~50	建筑业
12	51~52、61~62	批发零售及住宿餐饮业
13	53~60、63~65	运输仓储邮政及信息传输、计算机服务和软件业
14	66~97	其他行业

2. 指标选择

本节选取 2015—2020 年中国产业部门的能源消费总量、人力资本、资本存量、总产出和碳排放量 5 个指标进行碳配额分配研究。

（1）能源消费总量。将产业部门的 8 种能源消费总量折算成统一的能源单位——万吨标准煤，8 种能源分别是煤炭、焦炭、原油、汽油、煤油、柴油、燃料油和天然气。

（2）人力资本。考虑到因受教育水平不同而产生的差异，参考刘海英和王钰（2020）的方法，本节的劳动投入选择城镇单位就业人员数与平均受教育年限的乘积。

（3）资本存量。由于行业资本存量估算结果不一致且本章所采用的 ZSG-DEA 方法是一种核算相对效率的方法，参考刘秉镰和李清彬（2009）、冯晨鹏等（2017）的方法，本节用固定资产投资额作为资本存量的替代指标。

（4）总产出。根据投入产出表得到总产出。

（5）碳排放量。本节测算的碳排放量是由 8 种能源消耗所产生的，且排除 CO_2 以外其他温室气体的排放。根据《IPCC 温室气体清单（2006）》提供的碳排放量测算方法，CO_2 排放量可以通过式（4-14）估算得到

$$C = \sum_{i=1}^{8} C_i = \frac{44}{12} \sum_{i=1}^{8} E_i \times NCV_i \times CEF_i \times COF_i \qquad （4-14）$$

式中：C 为估算的 CO_2 的排放量；i 为 8 种能源；E 为它们的消费总量；NCV

为能源平均低位发热量；*CEF* 为碳排放系数，指单位能源所产生的碳排放数量；*COF* 为能源的碳氧化率，后两者均由《省级温室气体清单编制指南》提供。

以上所用到的各种原始数据均来自历年《中国统计年鉴》《中国能源统计年鉴》《中国人口和就业统计年鉴》《中国固定资产投资统计年鉴》《中国投资领域统计年鉴》。

3. 指标预测

根据中国 2025 年能耗强度和碳强度约束目标，使用中国 2015—2020 年能源消费总量、人力资本、资本存量、总产出和碳排放量数据预测得到产业部门 2025 年投入产出数据。

按照平均增长率 6% 预测 2025 年 GDP，在此基础上，以"到 2025 年单位国内生产总值二氧化碳排放比 2020 年下降 18%"为依据，可以预测 2025 年 CO_2 排放量。根据 2025 年能源消耗约束目标及预测的 2025 年 GDP，可以计算出 2025 年能源消费总量。2025 年人力资本、资本存量和总产出数据由 2015—2020 年相关数据的平均增长率算出。假设各产业部门的发展模式相对稳定，到 2025 年不会发生明显变化。因此，2025 年各产业部门的投入产出数据由 2015—2020 年各产业部门占全体产业部门的平均比例计算得到，中国产业部门 2025 年投入产出预测值如表 4-2 所示。

表 4-2　中国产业部门 2025 年投入产出预测值

指标	最大值	最小值	均值	标准差
能源消费总量 /（万吨标准煤）	194164.17	2368.77	42213.21	64935.08
人力资本 /［（万人·年）］	96050.12	1483.35	14635.76	24475.31
资本存量 /（万元）	4783724032.00	41415608.00	701226583.43	1223585165.48
总产出 /（万元）	8762913792.00	618191552.00	2858204813.71	2290360353.18
碳排放量 /（万吨）	455967.41	5648.94	105212.83	159893.01

在表 4-2 中，能源消费总量的最大值为 194164.17 万吨标准煤，最小值为 2368.77 万吨标准煤，均值为 42213.21 万吨标准煤；碳排放量的最大值为

455967.41 万吨，最小值为 5648.94 万吨，均值为 105212.83 万吨。根据中国 2025 年能耗强度和碳强度约束目标，减排责任任重而道远。

（二）公平原则碳配额实证分析

1.减排责任测算

有效的产业部门碳排放数据时间区域为 1994—2020 年，在此时间区域内测算减排责任，结果如表 4-3 列（1）所示，历史考核期内全部累计碳排放总量达到 21022717.33 万吨，产业部门之间存在较大差异，产业部门 5、7 和 10 的累计碳排放量均高于 3000000 万吨，显然这些高耗能产业的碳排放远高于其他产业部门。累计碳排放量最高的是产业部门 10，排放了 6465429.75 万吨，约为最低产业部门的 74 倍。

表 4-3　公平原则下 2025 年产业部门碳配额分配　　　　　　　　单位：万吨

产业部门	减排责任（1）	减排能力（2）	公平原则下 2025 年碳配额（3）	2025 年碳排放（4）	碳配额盈余/不足（5）
1	241805.44	70101.06	74583.39	12460.03	62123.37
2	1271381.16	33086.82	58039.17	64128.36	−6089.19
3	248672.00	73713.97	78807.59	12329.85	66477.74
4	156221.14	47844.74	52378.85	6411.70	45967.15
5	5753886.50	191616.42	150423.93	444344.81	−293920.88
6	1201092.17	40723.89	55984.93	68894.79	−12909.85
7	3477764.84	95719.04	86524.06	252868.36	−166344.30
8	234885.89	205487.32	214126.88	7817.97	206308.91
9	241998.30	22756.13	26348.65	13363.35	12985.30
10	6465429.75	41280.90	38320.88	455967.40	−417646.53
11	87847.81	142393.15	142899.36	5648.94	137250.42
12	203781.41	99901.21	94608.05	19571.33	75036.72
13	1112499.40	85785.04	75837.17	87896.35	−12059.19
14	325451.53	322569.93	324096.69	21276.35	302820.34

近年来，粗放型的经济发展模式导致中国碳排放总量居高不下，这种情况在重工业中表现尤为明显。因此，在未来减排责任分摊中，这些石油、化工、冶金和火电等高碳行业有能力且有义务承担更多的减排责任。而第一产业、轻工业和服务业等产业部门，其能源依赖程度低，在历史考核期的碳排放量较少，因此未来需承担较小的减排责任。另外，建筑业累计碳排放量在整个产业部门中最低，主要是因为本书中建筑业碳排放仅包括建筑直接碳排放。

2. 减排能力测算

按照与经济发展水平相适应的比例分配碳配额，以此衡量产业部门的减排能力，结果如表4-3列（2）所示。各产业部门的减排能力存在差异，产业部门5、8和14的减排能力较强，产业部门2、4、6、9和10的减排能力普遍较弱，表明炼焦、燃气、石油加工及化学工业等部分制造业，以及金融业、房地产业等部分服务业减排行为对经济效率造成的影响较低，而采矿业、非金属矿物制品业等产业部门过度减排可能会对经济效率造成冲击。因此，在制定碳配额分配政策时，应考虑到经济可持续发展，制定容易被减排主体所接受的碳配额。

3. 公平原则分配结果

基于公平原则的2025年中国各产业部门的碳配额分配结果如表4-3列（3）所示，与前文预测的2025年碳排放量相比差额较大。其中，产业部门1、3、4、8、9、11、12和14出现碳配额富余，产业部门2、5、6、7、10和13出现碳配额不足，但实现了碳配额完全分配。这种综合减排责任和减排能力的分配方案既能够体现出历史排放公平，又能够保证整体经济效率，符合可持续发展原则。

（三）效率原则碳配额实证分析

根据前文设定的四种情景，即情景1（高速，严格）、情景2（高速，宽松）、情景3（低速，严格）、情景4（低速，宽松），利用ZSG-DEA模型，测算了效率原则下2025年中国产业部门的碳配额分配情况，结果如表4-4所示。

表4—4　基于四种情景的2025年产业部门碳配额分配

单位：万吨

产业部门	情景1（高速，严格）			情景2（高速，宽松）			情景3（低速，严格）			情景4（低速，宽松）		
	2025年碳排放	2025年碳配额	碳配额盈余/不足	2025年碳排放	2025年碳配额	碳配额盈余/不足	2025年碳排放	2025年碳配额	碳配额盈余/不足	2025年碳排放	2025年碳配额	碳配额盈余/不足
1	13318.30	25537.19	12218.89	14130.39	27094.33	12963.94	12460.03	23891.50	11431.47	13219.79	25348.30	12128.51
2	68545.66	2588.06	-65957.60	72725.28	2745.87	-69979.41	64128.36	2421.28	-61707.08	68038.63	2568.92	-65469.71
3	13179.16	25270.39	12091.23	13982.77	26811.28	12828.51	12329.85	23641.88	11312.03	13081.67	25083.46	12001.79
4	6853.35	5353.67	-1499.68	7271.23	5680.11	-1591.12	6411.70	5008.66	-1403.04	6802.65	5314.07	-1488.58
5	474952.26	910697.35	435745.09	503912.76	966227.68	462314.92	444344.81	852009.09	407664.28	471439.01	903960.85	432521.84
6	73640.41	10064.83	-63575.58	78130.68	10678.54	-67452.14	68894.79	9416.23	-59478.56	73095.69	9990.39	-63105.30
7	270286.49	518258.70	247972.21	286767.37	549859.84	263092.47	252868.36	484860.45	231992.09	268287.16	514425.10	246137.94
8	8356.49	16023.14	7666.65	8866.03	17000.16	8134.13	7817.97	14990.56	7172.59	8294.68	15904.62	7609.94
9	14283.85	1829.20	-12454.65	15154.82	1940.74	-13214.08	13363.35	1711.32	-11652.03	14178.19	1815.67	-12362.52
10	483375.44	3218.94	-484156.50	517093.46	3415.22	-513678.24	455967.40	3011.51	-452955.89	483770.30	3195.14	-480575.16
11	6038.05	11577.63	5539.58	6406.23	12283.60	5877.37	5648.94	10831.54	5182.60	5993.39	11492.00	5498.61
12	20919.45	12180.50	-8738.95	22195.02	12923.22	-9271.80	19571.33	11395.55	-8175.78	20764.70	12090.40	-8674.30
13	93950.85	6689.21	-87261.64	99679.56	7097.09	-92582.47	87896.35	6258.14	-81638.21	93255.89	6639.74	-86616.15
14	22741.91	25152.83	2410.92	24128.62	26686.53	2557.91	21276.35	23531.89	2255.54	22573.69	24966.78	2393.09

在不同情景中，产业部门的碳配额调整方向一致，其中产业部门2、4、6、9、10、12和13的碳配额调整量均为负值，其余产业部门的碳配额调整量均为正值。在同一情景下，14个产业部门的碳配额处于不同范围水平，产业部门2、9和10的碳配额小于5000万吨，产业部门5、7的碳配额大于100000万吨，其余产业部门的碳配额处于5000万~30000万吨。与本节估算的2025年碳排放相比，采用碳排放强度和能源强度约束目标平均分配原则会使中国14个产业部门的碳配额调整幅度较大，表明要实现有效率的分配需要在国家统筹下进行较大程度的碳配额调整。

对比以上四种情景的测算结果，可以发现在其他指标保持不变的情况下，碳强度约束越严格，初始碳配额分配越少，从而在效率原则下可供各产业部门调整的碳配额量越多。同时，在其他指标保持不变的情况下，经济增速越快，初始碳配额分配越多，从而在效率原则下可供各产业部门调整的碳配额量就越多。

以情景3为例，使用ZSG-DEA模型进行产业部门碳配额效率分配，如表4-5所示。根据初始SBM效率结果，初始分配的平均效率只有0.54，表明整个产业部门碳排放的平均效率相对较低。各产业部门之间的效率存在较大差距，产业部门1、3、5、8和11均达到了完全效率1，这些产业部门在经济发展、低碳技术和能源利用效率等方面都处于较高水平。产业部门10的效率值为0，在整个产业部门碳排放效率中最低，究其原因，主要是电力、热力和水的生产和供应过程中存在较高的碳排放，占整个碳排放总量的25.80%，其碳排放与经济产出高度不协调。产业部门14的碳排放量效率为0.58，略高于平均效率水平，其余产业部门的效率水平距离完全有效还存在很大差距，根据松弛变量的指示对这些地区的碳配额进行增减能够提升效率值。与钱明霞等（2015）对中国2015年各产业部门的效率估算结果相比，可以发现更多产业部门的初始效率值达到了生产可能性前沿，表明中国的要素投入和产出之间的协调性在稳步提升。

表4-5 效率原则下2025年产业部门碳配额分配 单位：万吨

产业部门	初始		第1次迭代	第2次迭代	第3次迭代	
	2025年碳排放	效率值	效率值	效率值	效率原则下2025年碳配额	效率值
1	12460.03	1.00	1.00	1.00	23891.50	1.00
2	64128.36	0.02	0.05	0.33	2421.28	0.97
3	12329.85	1.00	1.00	1.00	23641.88	1.00
4	6411.70	0.41	0.64	0.93	5008.66	1.00
5	444344.81	1.00	1.00	1.00	852009.09	1.00
6	68894.79	0.07	0.18	0.65	9416.23	0.99
7	252868.36	1.00	1.00	1.00	484860.45	1.00
8	7817.97	1.00	1.00	1.00	14990.56	1.00
9	13363.35	0.07	0.16	0.59	1711.32	0.99
10	455967.40	0.00	0.03	0.27	3011.51	0.97
11	5648.94	1.00	1.00	1.00	10831.54	1.00
12	19571.33	0.31	0.54	0.90	11395.55	1.00
13	87896.35	0.04	0.10	0.51	6258.14	0.99
14	21276.35	0.58	0.78	0.96	23531.89	1.00
平均		0.54	0.61	0.80		0.99

经过1次调整后，产业部门4、12和14的效率值有所提升，但尚未达到完全有效，且其余低效率产业部门效率提升较小，仍存在较大的效率改进空间，因此需要进行多次迭代调整。经过第3次迭代调整后，各产业部门的平均效率由0.54上升至0.99，其中，产业部门1、3、4、5、7、8、11、12和14的效率值达到了1.00，其余产业部门的效率值在0.97~0.99，从第4次迭代开始无法继续提升各产业部门的效率值。这表明，在整个产业部门碳配额总量保持不变的情况下通过产业部门间的碳配额调整，可以让更多产业部门达到效率前沿。但与已有大部分文献不同，本书中不是所有产业部门都能达到效率值为1.00，因为本书的ZSG-DEA模型基于产出导向，且假设期望产出不变，仅通过非期望产出在产业

部门间的零和调整来提升效率，所以存在不能达到效率值为 1 的部分，这与王文举和孔晓旭（2022）的最终效率结果相符。

因此，基于效率原则的碳配额分配体现了在 2025 年能源强度和碳强度双约束目标下各产业部门之间关于碳配额的竞争与协同，分配结果表明整体产业部门实际碳排放与高效率的碳配额分配之间存在较大差距，要实现有效率的碳配额分配离不开中央和各级地方政府对产业部门碳配额分配的统筹与协调。

（四）综合原则碳配额实证分析

经计算，本节中基于公平原则的碳配额指标权重 W_1 为 0.2064，基于效率原则的指标权重 W_2 为 0.7936。将指标权重代入式（4-6）得到基于综合原则的分配结果。如表 4-6 所示，可以发现产业部门 5、7 出现较多的碳配额盈余，主要是因为这两个产业部门的 ZSG-DEA 效率高，效率碳配额较多；而产业部门 2、6、10 和 13 出现较大的碳配额不足，其中产业部门 10 电力、热力及水的生产和供应业的碳配额不足最多，其目标碳减排量超过 400000 万吨，要实现碳排放总量控制目标，该产业部门是重点的节能减排部门。因此，本节基于综合原则的碳配额分配方案，既弥补了效率原则下缺少对减排主体的碳配额可接受程度的关注，又解决了公平原则下在经济发展和环境保护过程中忽略投入产出效率的问题。

表 4-6　基于综合原则的产业部门 2025 年碳配额分配　　　　单位：万吨

产业部门	综合原则下 2025 年碳配额	2025 年碳排放	碳配额盈余 / 不足
1	34355.58	12460.03	21895.55
2	13902.21	64128.36	−50226.15
3	35029.47	12329.85	22699.62
4	14787.06	6411.70	8375.36
5	707184.30	444344.81	262839.49
6	19029.18	68894.79	−49865.61

续表

产业部门	综合原则下 2025 年碳配额	2025 年碳排放	碳配额盈余 / 不足
7	402633.82	252868.36	149765.46
8	56097.30	7817.97	48279.33
9	6797.08	13363.35	−6566.27
10	10300.25	455967.40	−445667.15
11	38093.65	5648.94	32444.71
12	28572.70	19571.33	9001.37
13	20621.00	87896.35	−67275.35
14	85576.01	21276.35	64299.66

（五）三种分配方案的减排效应分析

1. 减排压力分析

按照式（4-7）构建减排压力指数，对不同原则分配方案进行减排压力分析。如表 4-7 所示，整体来看，公平原则下减排压力最低，效率原则下减排压力最高，综合原则下减排压力适中，整个产业部门减排压力较轻，然而部分产业部门存在较高水平的减排压力。具体来看，公平原则下 6 个产业部门存在减排压力，且产业部门间的减排压力差异较大；效率原则下半数产业部门存在减排压力，且除产业部门 4 和 12 外，其余 5 个产业部门的减排压力指数均较高，其中 3 个产业部门的减排压力指数超过了 90%；综合原则下仅有 5 个产业部门存在减排压力，其中减排压力水平高于 90% 的产业部门仅有一个，且该原则下产业部门间的减排压力差异适中。此外，无论是何种分配原则，产业部门 10 的减排压力指数均为最大。作为中国重要的能源部门，电力是现代工业生产和社会生活的基础，几乎所有行业都离不开电力供应。热力和燃气则广泛应用于工业生产、建筑供暖和居民生活等领域。这些能源的稳定供应和高效利用对国家经济的发展至关重要。此外，电力、热力、燃气及水生产和供应业的发展也带动了相关产业的兴起，如电力设备制造、燃气器具制造等。这些产业的发展不仅带动了就业，还促进了相关科技的进步和创新，推动了国家经济的发展。为了实现节能减排目标，在未来几年探索符合经济特征的低碳产品和发展路径是不容忽视的重要任务。

表4-7　不同原则分配方案的减排压力分析　　　　单位：%

产业部门	减排压力指数		
	公平原则	效率原则	综合原则
1	−498.58	−91.75	−175.73
2	9.50	96.22	78.32
3	−539.16	−91.75	−184.10
4	−716.93	21.88	−130.63
5	66.15	−91.75	−59.15
6	18.74	86.33	72.38
7	65.78	−91.74	−59.23
8	−2638.91	−91.74	−617.54
9	−97.17	87.19	49.14
10	91.60	99.34	97.74
11	−2429.67	−91.74	−574.35
12	−383.40	41.77	−45.99
13	13.72	92.88	76.54
14	−1423.27	−10.60	−302.21
平均	−604.40	−2.53	−126.77

2. 减排成本分析

首先，测算各产业部门的碳交易量；其次，将碳交易量纳入减排成本效应分析，测算边际减排成本和是否考虑碳交易行为的总减排成本。

（1）碳交易行为分析。在碳排放总量控制前提假设下，探究不同原则下分配方案对产业部门碳交易行为的影响。从表4-8中可以发现，首先，三种原则下最大潜在产出量总和均为2534399.98亿元，这是在环境生产技术下所有产业部门的最大潜在产出增加量合计。因为短期内实际生产可能不发生改变，所以经过碳交易后产出增加总量相同。其次，无论选择何种分配原则，产业部门1、3、5、7、8和11的产出增加均为0，但此时存在碳排放权的交易行为，其中产业部门1、3、8和11卖出碳排放权来维持产出不变，可见存在超出这些产业部门生产所需的初始碳配额盈余；而产业部门5和7在公平原则下买入碳排放权，在效率原则和综合原则下卖出碳排放权。通过观察各产业部门不同分配原则下的碳交易行为可以发现，除产业部门5和7外，产业部门4、9、14也存在不一致的碳排放权买卖行为，这表明不同分配原则的碳配额方案会影响产业部门的交易行为，进而影响其承担的减排成本。

表4-8　不同原则下产业部门的碳交易量

产出部门	产出增加量（亿元）	碳交易量（万吨）		
		公平原则	效率原则	综合原则
1	0	−62123.37	−11431.47	−21895.55
2	151291.20	11127.50	66745.38	55264.45
3	0	−66477.74	−11312.03	−22699.62
4	44487.15	−45217.02	2153.16	−7625.23
5	0	293920.88	−407664.27	−262839.49
6	93939.21	13378.60	59947.31	50334.35
7	0	166344.30	−231992.09	−149765.46
8	0	−206308.91	−7172.59	−48279.32
9	26710.77	−13276.96	11360.37	6274.61
10	54322.36	393120.02	428429.39	421140.65
11	0	−137250.42	−5182.60	−32444.71
12	43352.32	−84231.36	−1018.86	−18196.01
13	725415.80	29283.30	98862.33	84499.47
14	1394881.20	−292288.83	8275.97	−53768.15
总计	2534399.98	0	0	0

（2）减排成本分析。基于公平、效率和综合原则三种碳配额方案的产业部门边际减排成本，以及是否考虑碳交易的总减排成本结果，如表4-9所示。对于边际减排成本，整体而言，公平原则下的平均边际减排成本过高，超过1亿元/万吨，效率和综合原则的平均边际减排成本分别为0.3971亿元/万吨和0.4850亿元/万吨，二者较为接近。对比产业部门在不同原则下的边际减排成本，可以发现公平原则下边际减排成本差异较大，最高边际减排成本为1.3946亿元/万吨，而最低的仅为0.4298亿元/万吨；效率和综合原则下产业部门间的边际减排成本差异较小，均在0.3亿元/万吨至0.6亿元/万吨。

表4-9　不同分配方案的减排成本比较

产业部门	公平原则			效率原则			综合原则		
	边际减排成本（亿元/万吨）	总减排成本（亿元）		边际减排成本（亿元/万吨）	总减排成本（亿元）		边际减排成本（亿元/万吨）	总减排成本（亿元）	
		不考虑碳交易	考虑碳交易		不考虑碳交易	考虑碳交易		不考虑碳交易	考虑碳交易
1	1.2888	−80064.59	−160129.19	0.4057	−4637.75	−9275.49	0.4940	−28218.98	−21632.80
2	1.2353	7521.98	21267.78	0.3769	23257.40	48413.73	0.4651	62044.36	49063.68
3	1.3499	−89738.30	−179476.60	0.4128	−4669.61	−9339.21	0.5024	−30642.22	−22808.58
4	1.3768	−63287.57	−125542.37	0.4017	563.60	1428.53	0.5022	−11531.20	−8035.50
5	0.5785	170033.23	340066.46	0.4023	−164003.34	−328006.68	0.4901	−152052.64	−257635.27
6	1.0874	14038.18	28586.07	0.4397	26152.72	52511.56	0.5252	54223.86	52625.02
7	0.5056	84103.68	168207.36	0.4167	−96671.10	−193342.21	0.5013	−75721.42	−150154.85
8	1.3946	−287718.41	−575436.81	0.3016	−2163.25	−4326.51	0.5021	−67330.35	−48482.10
9	0.9703	−12599.64	−25482.27	0.4415	5144.37	10159.97	0.4973	6371.25	6385.77
10	0.9897	413344.76	802415.64	0.3873	175429.82	341360.52	0.4195	441076.78	363625.87
11	0.9286	−127450.74	−254901.48	0.3836	−1988.05	−3976.09	0.4681	−30128.16	−30374.74
12	1.3825	−103738.27	−220188.12	0.3797	3104.34	2717.48	0.5027	−12444.39	−13672.12
13	0.5015	6047.68	20733.25	0.4441	36255.53	80160.29	0.5371	33738.59	81518.26

续表

产业部门	公平原则			效率原则			综合原则		
	边际减排成本（亿元/万吨）	总减排成本（亿元）		边际减排成本（亿元/万吨）	总减排成本（亿元）		边际减排成本（亿元/万吨）	总减排成本（亿元）	
		不考虑碳交易	考虑碳交易		不考虑碳交易	考虑碳交易		不考虑碳交易	考虑碳交易
14	0.4298	−130152.18	−255777.92	0.3660	−825.53	2203.48	0.3830	−27635.99	−45219.97
平均	1.0014	−14261.44	−29689.87	0.3971	−360.77	−665.05	0.4850	11553.53	−3199.81

对于总减排成本，在公平原则下，无论是否考虑碳交易，整个产业部门均会获得额外收益，但是产业部门间的减排成本或收益差异非常大。具体来看，6个产业部门面临减排成本，产业部门5、7和10等高耗能、高排放产业部门均面临过高的减排成本，其中产业部门10电力、热力及水的生产和供应业的总减排成本最高，超过40万亿元；而产业部门1、3、8等低排放产业产生了一定收益，其中产业部门8的总减排收益最高，超过20万亿元。在效率原则下，无论是否考虑碳交易，整个产业部门都能够获得额外收益，且在三种分配方案中该原则下各产业部门的减排成本或收益最低，但存在减排成本的产业部门数量最多。在综合原则下，不考虑碳交易时存在减排总成本，而考虑碳交易时整个产业部门产生了额外收益，可见市场机制的有效程度能够影响产业部门的总体减排成本。随着市场交易机制的完善，碳交易行为缓解了整个产业部门的减排压力，盈余的碳配额可以进行市场交易，能够给产业部门带来额外收益。对比综合原则下的两类总减排成本，当考虑碳交易时，边际减排成本较低的产业部门2、10、11和14的总减排成本降低，而边际减排成本较高的产业部门3、4、8和13的总减排成本增加。这表明，当市场出清时，产业部门会通过比较边际减排成本和碳交易价格来决定是否减排，如果边际减排成本较高，产业部门则会放弃减排，转而在碳市场中购买碳排放权；如果边际减排成本较低，产业部门则会自主减排，使成本和收益最终能够在产业部门之间得到有效分摊。

通过对比不同分配方案的减排成本可知，公平原则下整个产业部门获得额外收益，但产业部门之间的减排成本或收益差异非常大；效率原则下整个产业部门都能够获得额外收益，且在三种分配方案中该原则下各产业部门的减排成本或收益最低，其不足之处在于减排成本的产业部门数量最多；综合原则下若考虑碳交易时整个产业部门产生了额外收益，则将极大提升产业部门的减排积极性，这种碳配额方案能够兼顾经济效益与环境保护，更容易被各产业部门接受，从而能够有利于促进实现整体产业部门的碳减排目标。

第二节　基于 ZSG-DEA 模型的工业分行业碳配额分配方案设计

一、引言

工业是能源消耗和 CO_2 排放的最主要领域。中国工业节能减碳之所以取得显著成效，既得益于不断完善的顶层设计，也依赖针对不同重点工业行业的减污降碳的行动实施。开展不同类型工业行业的碳排放及碳配额的研究，既能揭示碳排放绩效的行业差异，又能为企业碳配额分配提供理论基础。因此，聚焦工业领域，稳妥推进工业领域碳减排，探索碳配额的科学、合理分配方案，明晰碳配额的分配目标与责任，是顺利实现工业碳达峰目标的关键所在。此外，碳污同源这一特征为减污降碳协同提供可能。在深入剖析工业领域碳配额分配的基础上，推进工业及钢铁、建材、石油化工、有色金属等重点行业的碳配额，让其发挥降碳的源头牵引作用，对推动减污降碳协同增效具有重要意义。

从理论层面来看，学者对于环境政策的减污降碳协同效应探讨包括碳交易（陆敏等，2022）、用能权交易（王芝炜等，2023）、排污权交易（宋德勇等，

2024）、碳市场（罗良文、雷朱家华，2024）等内容。罗良文和雷朱家华（2024）使用固定效应模型，研究发现，碳交易政策能够产生显著的减污降碳效果，并且逐渐趋向"高水平耦合与优质协调"的减污降碳协同关系。这些关于环境政策的减污降碳协同效应证明了减污降碳协同可行。然而，作为碳交易和碳市场建设的重要基础，当前对碳配额的减排效应的研究局限在降碳方面（年志远等，2023），碳配额的减污降碳协同效应如何尚未可知，碳配额政策实现降碳的同时能否降低大气污染物排放，产生减污降碳协同效应也尚未可知。当前研究关于碳配额的减污降碳效应尚未达成共识，并且忽略了碳排放与污染物之间的协同关系。

从实践情况来看，自 2011 年以来，经过不同分配方式在试点地区的不断尝试，中国初步积累了碳配额分配政策的经验。然而，现有区域试点推行至今，暴露出市场参与度低、配额流动性差和集中爆发式履约等问题，究其根源在于碳配额制度顶层设计的低效及制度纠偏机制的缺失。2021 年，中国很多地区的碳排放配额制度安排存在规制过度（陈真亮、项如意，2022），盲目制定激进的、不符合本地实际情况的降碳目标，采取非常规的运动式减碳方案，追求"短、平、快"的减排效果，大范围拉闸限电，严重损害经济安全运行发展（胡中华、周振新，2021）。在分配到企业之前，行业层面的分配是实施全国碳配额分配的必经之路。2022 年，中国全部工业增加值突破 40 万亿元大关，占 GDP 比重达到 33.2%；工业生产的特征是能源需求大，工业领域能源消费量占全国总体消费量的 65% 左右，工业碳排放约占 70%，工业既是经济支撑，也是节能降碳的主要领域之一。

基于上述分析，本节通过收集中国工业 35 个行业的投入产出数据探究工业分行业碳配额的分配及其减污降碳协同效应。首先在减排目标下获得碳配额的公平分配、效率分配和综合分配。具体包括：一是从降碳责任和经济发展责任两个方面进行公平分配；二是在能源结构和碳强度约束两个维度四种情景设置的基础上，构建基于总量控制的 ZSG–DEA 模型，通过迭代求解得到效率分配；三是将公平分配与效率分配通过计算信息熵进行耦合，得到综合分配。在此基础上，经过实证讨论边际减污成本和边际降碳成本，分析碳配额的减污降碳协同效应变化情况，从而寻找符合可持续发展的工业绿色低碳发展路径。

二、工业分行业碳配额分配方案设计

前文基于产业部门层面，考虑了产业部门的碳配额分配的异质性问题，侧重减排差异性平衡；本节针对的是工业分行业分配应考虑的异质性问题，侧重降碳差异性平衡。基于此，本节在考虑降碳责任的基础上，将符合可持续发展原则的经济发展责任融入公平原则中，进行公平原则分配。

（一）公平原则分配方案设计

配额的分配其实是对发展资源的分配，也是对发展的权利的分配。各行业和企业的发展程度和发展基础不尽相同，因此要让更多的排放主体积极参与并自觉遵守减排约定，公平原则至关重要。在不同行业之间，或者同一行业的不同企业之间也会存在地区差异、能效差距，因此在分配方案设计中各行业的先期减排行动和减排潜力等因素应当纳入综合考虑。

第一，降碳责任测算。在中国，电力、热力等高碳工业行业碳排放量很大，从工业行业能源消费总量来看，黑色金属冶炼和压制及电力、蒸汽和供热的生产和供应相关的碳排放又是工业碳排放的主要来源。从行业能源利用效率来看，能耗强度最高的几大行业是黑色金属冶炼及压延加工业，水的生产和供应业，非金属矿物制品业，化学原料及化学制品制造业，石油加工炼焦及核燃料加工业，煤炭开采和洗选业及电力、热力的生产和供应业等。相较于其他行业，高碳行业面临更大的降碳压力。本节使用工业分行业的累计碳排放量指标衡量降碳责任，通过这一指标，评估工业分行业在碳减排方面的努力程度和成效。基于降碳责任的分配能够体现公平原则，可以保障经济社会发展的基本需求，防止"激进式"过度减排影响经济安全运行。

第二，经济发展责任测算。工业终端能源消耗产生的碳排放是中国碳排放的主要来源。工业化越发达的地区，其经济能力越强，人均收入越多，相应造成的碳排放也越大（Cantore，2010；闫东升等，2023）。作为中国国民经济的一个重要部门，工业领域的经济发展需求不可忽视。经济发展水平高的行业有能力率先实现碳达峰，因此有必要考虑不同行业的经济发展情况。经济发展责任要求尊重各行业的经济发展需求，碳配额分配要充分考虑到经济承受能力，采取降碳措施的同时要避免经济受到冲击。如果忽略了经济发展责任，那么降碳责任分担较多的工业行业的经济效益难以保证，不利于经济可持续发展。笔者将碳配额总量按照与工业总产值相适应的比例进行分配，以衡量工业各行业的经济发展责任。考虑经济发展责任计算式为

$$A_n = Y_n / Y \times Q \tag{4-15}$$

式中：A_n 为按照与工业总产值相匹配原则进行比例分配的行业碳排放量；Y_n 为行业的工业总产值；Y 为整个工业的工业总产值；Q 为碳配额总量，在减排目标约束下等于碳排放总量 C。

第三，公平原则分配方案设计。与中国产业部门碳配额分配方案设计不同的是，工业分行业碳配额的公平分配原则设计主要从降碳责任和经济发展责任两个方面入手。因此，本节充分考虑行业能源碳排放的现实依赖性和分配方案实施安全性，首先，通过降碳责任份额分配碳配额；其次，设计一项奖惩机制，在按照降碳责任份额分配碳配额总量的基础上体现经济发展责任，对于与经济发展水平相适应的行业，予以补偿碳配额，反之进行削减。具体而言，设 $n = 1, 2, \cdots,$ 35，代表工业的 35 个行业；Q_n 为行业 n 的碳配额；C 为碳排放总量；m_n 为降碳责任份额，即各行业年均历史责任占整个工业年均历史责任的比重；A_n 为按照与工业总产值相匹配原则进行比例分配的行业碳排放量；C_n 为行业 n 的预测碳排放量。由此，工业领域分行业碳配额的公平分配如下：

$$Q_n = C \times m_n + (A_n - C_n) \tag{4-16}$$

（二）效率原则分配方案设计

在坚持公平原则的同时，还必须兼顾效率原则。在碳排放总量约束下，以最小成本实现最大减排目标，从而达到整体运行的最优经济效果。为了探究不同约束条件对中国工业各行业碳配额的影响，首先针对能源消费结构和碳强度两个因素设置假设情景。在此基础上，构建 ZSG-DEA 模型，通过迭代求解，最终获得更多行业达到生产前沿的效率分配。

1. 情景设置

能源消费结构是碳排放的重要影响因素，而碳强度是重要的碳排放指标（杨振，2010）。因此，与产业部门碳配额分配的做法相似，在效率分配过程中设置了不同情景，从能源消费结构和碳强度两个因素，设置能源消费结构不变和变动两种情景，针对碳强度因素设置存在约束和不存在约束。其中，能源消费结构变动和存在碳强度约束按照《国务院关于印发 2030 年前碳达峰方案的通知》设定的 2030 年能耗强度和碳强度目标计算，根据年平均增长率设置能源消费结构不变和不存在碳强度约束情景。

本节在对数据进行收集、整理和计算后，得到了 2030 年工业各行业的投入产出数据预测值，如表 4-10 所示。

表 4-10 四种情景条件下的 2030 年工业各行业指标预测值

指标	情景设置	最大值	最小值	均值	标准差
能源消费总量（万吨标准煤）	能源结构变动	79318.70	222.65	11788.44	20040.77
	能源结构不变	81609.74	136.46	13345.88	21804.98
资本存量（亿元）	—	165386.63	629.31	13145.98	27942.41
人力资本（万人）		933.10	7.15	152.83	178.10
工业总产值（亿元）		225115.78	582.93	34035.02	45302.73
碳排放量（万吨）	存在碳强度约束	864606.06	70.60	63900.51	179314.73
	不存在碳强度约束	5675565.00	8.74	221388.62	962752.75

2. ZSG-DEA 模型构建

在减排目标约束条件下，碳排放作为一种权利在工业各行业之间具有竞争性，这表明在各行业之间的分配应在协同发展的总体性战略思维的基础上充分体现相互竞争，与 ZSG-DEA 模型假设相符。同样，本节将零和博弈的思想融入 DEA 分析，各决策单元就固定的资源总量进行零和博弈调整分配，通过增加高效率决策单元的碳配额、减少低效率决策单元的碳配额来实现优化分配。与第一节的做法相似，本节采用规模报酬不变、产出导向的 ZSG-DEA 模型进行工业分行业的效率分配。

在碳配额总量不变假设下，一个行业的碳排放权增加意味着其他行业需减少相同数量的碳排放权。因此，笔者仍然通过迭代对效率进行优化。参考刘海英和王钰（2020）的设定，采用比例法将低效率行业的碳排放权分配给高效率行业，这种调整可以提高工业整体及各部分的有效性。同理，根据前面提到的比例分配原则，运用式（4-5）对不同行业的碳配额进行测算。然而，考虑到经过一次调整后部分行业可能还存在效率提升空间，因此需要不断重复上述调整过程。经过多次迭代，最终得到工业多行业部门效率优化的分配结果。

（三）综合原则分配方案设计

侧重效率原则会导致碳配额的极端分配，产生"马太效应"问题，进一步加剧效率值差异较大的行业间的发展不平衡问题，而兼顾公平与效率的综合分配较单一分配具有更大优势。因此，需要设计一种既能体现考虑工业各行业间差异的均衡性，又能兼顾经济效益和绿色效率的综合分配的方案。

本节使用一种客观赋权方法——熵值法，它是一种综合指标法，可以整合不同分配原则的多个指标，使分配结果更加公平合理。通过计算公平分配和效率分配的熵权，获得碳配额的综合分配。熵权 w_j 的计算式为

$$f_{ij} = \frac{Y_{ij}}{\sum_{i=1}^{35} Y_{ij}} \left(i=1,2,\cdots,35;\ j=1,2\right)$$

$$H_j = -k\sum_{i=1}^{35} f_{ij}\ln f_{ij}\ \left(i=1,2,\cdots,35;\ j=1,2\right)$$

$$g_j = 1 - H_j\ \left(i=1,2,\cdots,35;\ j=1,2\right)$$

$$w_j = \frac{g_j}{\sum_{j=1}^{2} g_j}\ \left(i=1,2,\cdots,35;\ j=1,2\right)$$

（4-17）

综合分配的计算式为

$$Q_{i\,综合} = w_1 Q_{i\,公平} + w_2 Q_{i\,效率}$$

（4-18）

（四）基尼系数设计

基尼系数是评估碳配额分配是否公平的常见方法（宋杰鲲等，2017），其数值范围在0~1，0.4被认为是一个重要节点，若基尼系数高于0.4，则认为分配方案严重不公平。参考王志强等（2024）的研究，选择不止一个指标来计算基尼系数。由于前文有关碳配额的分配考虑到经济发展公平，为保持一致，本节选择工业总产值和碳配额这两个指标进行基尼系数计算，计算式为

$$G = \frac{S_A}{S_A + S_B} = \frac{S_A}{0.5} = 1 - 2S_B$$

$$S_B = \sum_{i=1}^{N} \frac{(p_i - p_{i-1})(q_i + q_{i-1})}{2},\ (i=1,2,\cdots,N)$$

（4-19）

式中：G 为基尼系数；S_A 为洛伦兹曲线与绝对公平曲线之间的面积；S_B 为洛伦兹曲线下方的面积。将工业各行业按碳配额升序排列，p_i 为累加到第 i 个省的累计工业总产值比例；q_i 为累加到第 i 个省的累计碳配额比例；$p_0=0$，$q_0=0$。

三、工业分行业减污降碳协同效应量化评估方法构造

本节通过构造非径向方向性距离函数模型测度边际减污成本和边际降碳成本，以此为基础对碳配额的减污降碳协同效应进行量化评估。

（一）非径向方向性距离函数模型

假设规模报酬不变，本节构造的非径向方向性距离函数模型为

$$\bar{D}(e,k,l,y,c,s;g) = \max\left\{w_e\beta_e + w_k\beta_k + w_l\beta_l + w_y\beta_y + w_c\beta_c + w_s\beta_s\right\}$$

$$\text{s.t.}\begin{cases}\sum_{m=1}^{N}\lambda_m e_m \leqslant e - \beta_e g_e \\ \sum_{m=1}^{N}\lambda_m k_m \leqslant k - \beta_k g_k \\ \sum_{m=1}^{N}\lambda_m l_m \leqslant l - \beta_l g_l \\ \sum_{m=1}^{N}\lambda_m y_m \geqslant y + \beta_y g_y \\ \sum_{m=1}^{N}\lambda_m c_m = c - \beta_c g_c \\ \sum_{m=1}^{N}\lambda_m c_m = s - \beta_s g_s \\ \lambda_m \geqslant 0, m = 1,2,\cdots,N \\ \beta_e,\beta_k,\beta_l,\beta_y,\beta_c,\beta_s \geqslant 0\end{cases} \qquad (4-20)$$

式中：e、k、l、y 和 c 的含义与式（4-3）相同，用工业 SO_2 排放量 s 表征另一个非期望产出——大气污染；$\boldsymbol{w}^{\mathrm{T}} = (w_e, w_k, w_l, w_y, w_c, w_s)$ 为权重向量；$\boldsymbol{\beta} = (\beta_e, \beta_k, \beta_l, \beta_y, \beta_c, \beta_s)^{\mathrm{T}}$ 为松弛向量；$\boldsymbol{g} = (g_e, g_k, g_l, g_y, g_c, g_s)$ 为方向向量。假设投入与产出同等重要，即表明两者的权重均为 1/2，则方向向量和权重矩阵设置如下。

单独减污时为

$$\boldsymbol{g} = \left(-g_e, -g_l, -g_k, g_y, 0, -g_s\right); \quad \boldsymbol{w}^{\mathrm{T}} = \left(\frac{1}{6}, \frac{1}{6}, \frac{1}{6}, \frac{1}{4}, 0, \frac{1}{4}\right)$$

单独降碳时为

$$\boldsymbol{g} = \left(-g_e, -g_l, -g_k, g_y, -g_c, 0\right); \quad \boldsymbol{w}^{\mathrm{T}} = \left(\frac{1}{6}, \frac{1}{6}, \frac{1}{6}, \frac{1}{4}, \frac{1}{4}, 0\right) \qquad (4-21)$$

减污降碳时为

$$\boldsymbol{g} = \left(-g_e, -g_l, -g_k, g_y, -g_c, -g_s\right); \quad \boldsymbol{w}^{\mathrm{T}} = \left(\frac{1}{6}, \frac{1}{6}, \frac{1}{6}, \frac{1}{6}, \frac{1}{6}, \frac{1}{6}\right)$$

（二）边际减排成本

与产业部门减排成本的测算方法类似，工业分行业也利用影子价格测度边际减排成本，影子价格通过非径向方向性距离函数模型进行对偶变换估算，得到边际减排成本为

$$q_s = -q_y \frac{\partial \boldsymbol{D}(e,k,l,y,c,s;g) / \partial s}{\partial \boldsymbol{D}(e,k,l,y,c,s;g) / \partial y} = -q_y \frac{p_y}{p_s} = mac_s$$

$$q_c = -q_y \frac{\partial \boldsymbol{D}(e,k,l,y,c,s;g) / \partial c}{\partial \boldsymbol{D}(e,k,l,y,c,s;g) / \partial y} = -q_y \frac{p_y}{p_c} = mac_c \qquad (4-22)$$

式中：q_s 和 q_c 分别为工业 SO_2 和碳配额的市场价格。在碳市场规制下，参考王文举和孔晓旭（2022）的研究，将碳配额作为初始碳排放进行测算。q_y 为期望产出的市场价格；p_s、p_c 和 p_y 分别为工业 SO_2、碳配额和工业总产值的影子价格；mac_s 和 mac_c 分别为碳配额和工业 SO_2 的边际减排成本。参考陈诗一（2011）的研究，将 q_y 设为 1 元，以此计算边际减排成本。

（三）减污降碳协同效应

根据前文对减污降碳协同效应的内涵界定，将协同效应定义为单独减排与联合减排下边际减排成本变动的比例。由于边际减污成本与边际降碳成本二者的单位不一致，在测度协同效应之前，首先需要进行无量纲处理：

$$\Delta x_s = \frac{macb_s - mact_s}{macb_s}$$

$$\Delta x_c = \frac{macb_c - mact_c}{macb_c} \qquad\qquad (4\text{-}23)$$

$$t = \alpha_s \Delta x_s + \alpha_c \Delta x_c$$

式中：$macb_s$ 为单独减污时工业二氧化硫的边际降碳成本；$mact_s$ 为联合减排时工业 SO_2 的边际降碳成本；Δx_s 为单独减污与联合减排下边际降碳成本变动的比例，即减污效应。降碳效应同理。根据减污降碳协同效应的概念界定，将协同效应定义为与单独减排相比，联合减排时边际减排成本变动的比例。根据公式计算协同效应 t。当减污与降碳同等重要时，$\alpha_s = \alpha_c = 1/2$。

四、实证分析与方案比较

（一）数据来源及处理

在国家标准中，将从事相同性质的经济活动称为同一行业，按照这一标准，可将社会上的各行各业划分成 20 个门类、97 个大类。各分类均有其编号代码，门类按字母顺序从 A 到 T，大类按数字顺序从 01 到 97。本节按照工业行业进行分类，共有 35 个细分行业如表 4-11 所示。

表 4-11　工业按行业具体划分情况

行业代码	行业名称
06	煤炭开采和洗选业
07	石油和天然气开采业
08	黑色金属矿采选业
09	有色金属矿采选业
10	非金属矿采选业
13	农副食品加工业
14	食品制造业

续表

行业代码	行业名称
15	酒、饮料和精制茶制造业
16	烟草制品业
17	纺织业
18	纺织服装、服饰业
19	皮革、毛皮、羽毛及其制品和制鞋业
20	木材加工和木、竹、藤、棕、草制品业
21	家具制造业
22	造纸和纸制品业
23	印刷和记录媒介复制业
24	文教、工美、体育和娱乐用品制造业
25	石油、煤炭及其他燃料加工业
26	化学原料和化学制品制造业
27	医药制造业
28	化学纤维制造业
29	橡胶和塑料制品业
30	非金属矿物制品业
31	黑色金属冶炼和压延加工业
32	有色金属冶炼和压延加工业
33	金属制品业
34	通用设备制造业
35	专用设备制造业
36、37	交通运输设备制造业
38	电气机械和器材制造业
39	计算机、通信和其他电子设备制造业
40	仪器仪表制造业
44	电力、热力生产和供应业
45	燃气生产和供应业
46	水的生产和供应业

（二）指标选择

本节选取能源消费总量、资本存量、人力资本、工业总产值、碳排放量、工业 SO_2 作为投入产出指标探究工业分行业碳配额分配。

1. 能源消费总量

本节将工业分行业的 8 种能源消费总量折算成统一的能源单位——万吨标准煤，8 种能源分别是煤炭、焦炭、原油、汽油、煤油、柴油、燃料油和天然气。

2. 资本存量

本节采用永续盘存法估算中国工业分行业资本存量，选取 2000 年作为估算的基年，参考陈诗一（2009）的研究计算折旧率，参考张军等（2004）的研究计算可比价全部口径投资额。

3. 人力资本

本节参考胡剑波等（2021）的研究，用企业年平均就业人数表示人力资本。企业年平均就业人数等于企业期初从业人员数和期末从业人员数的平均值。

4. 工业总产值

本节采用工业总产值表征期望产出。参考宋晓聪等（2023）的研究，因 2012 年后国家统计局不再对外公布工业产值数据，2015—2017 年的工业总产值数据用工业销售产值和产品销售率相除表示；因 2017 年以后工业销售产值不再对外发布，2018 年、2019 年、2020 年工业总产值用营业收入近似代替（通过历年趋势得到工业营业收入约为总产值的 99%）。

5. 碳排放量

本节采用碳排放量表征非期望产出。笔者测算的碳排放量是由 8 种一次能源产生，且排除 CO_2 以外其他温室气体的排放。根据《2006 年 IPCC 国家温室气体清单指南》提供的碳排放量测算方法，碳排放量由式（4-14）计算得到。

6. 工业二氧化硫

本节选取工业 SO_2 表征大气污染，能衡量不同工业行业 SO_2 排放权试点的实施效果。

以上所用到的原始数据均来自《中国能源统计年鉴》《中国固定资产投资统计年鉴》《中国工业统计年鉴》《中国环境统计年鉴》，以及国家统计局网站和国泰安数据库。

（三）指标预测

根据"到 2025 年，单位 GDP 能源消耗比 2020 年下降 13.5%"和中国社会科学院提出的 2025 年中国 GDP 总量达到 146.74 万亿元（按 2020 年价格计算），计算得到 2025 年能源消费总量。假设工业各行业与工业整体年平均增长率相同，2021 年能源消费、工业 SO_2 数据可直接获得，通过计算年平均增长率推算出 2022—2025 年和 2030 年工业行业的能源消费总量、大气污染数据；"十四五"时期和 2030 年工业分行业资本存量、人力资本、工业总产值数据通过计算年平均增长率得到。2021 年碳排放量数据可以通过公式计算得出。根据《2030 年前碳达峰行动方案》提出的"到 2025 年，单位 GDP 碳排放量比 2020 年下降 18%"，以及中国社会科学院预测的 2025 年 GDP 总量，计算得到 2025 年的碳排放量；通过计算年平均增长率推算出 2022—2025 年的碳排放量。根据"2030 年，单位 GDP 碳排放量比 2005 年下降 65% 以上"和中国社会科学院预测的 2030 年 GDP 总量，通过计算年平均增长率推算出 2030 年的碳排放量。

（四）碳配额分配的实证分析

受篇幅所限，本节仅展示 2030 年碳配额分配的实证结果（见表 4-12）。

1. 公平分配的实证分析

一是降碳责任测算。选取碳排放数据时间区域为 2000—2021 年，在此时间区域内测算工业各行业降碳责任，结果如表4-12列（1）所示。电力、热力生产和供应业，石油、煤炭及其他燃料加工业，黑色金属冶炼和压延加工业的年均累计碳排量较高，是中国工业CO_2的主要释放行业。各行业降碳责任存在较大差异，在历史考核期内7个行业年均累计碳排放量超过10000万吨，14个行业年均累计碳排放量不超过1000万吨，这表明工业部门有超半数行业的能源依赖程度较低，碳排放水平较低，而高耗能行业的碳排放量远高于其他行业。因此，在未来的责任分摊中，这些高碳行业有能力且有义务承担较多的降碳责任。

二是经济发展责任测算。本节选取工业总产值指标衡量经济发展责任，测算结果如表4-12列（2）所示。经济发展责任较大的是计算机、通信和其他电子设备制造业，交通运输设备制造业，电力、热力生产和供应业，如果过度降低碳排放则可能会对这些行业的经济效益造成较大冲击，因此在分配时应考虑给予碳配额补偿。有色金属矿采选业、黑色金属矿采选业、非金属矿采选业三个行业的经济发展责任较低，这些行业采取降碳措施对经济效益造成的影响较小，因此在分配时应削减它们的碳配额。以上分析表明，在对碳配额进行分配时应考虑到经济可持续发展，设定容易被主体所接受的碳配额。

三是公平分配实证分析。2030年工业各行业碳配额的公平分配结果如表4-12列（3）所示。计算机、通信和其他电子设备制造业，黑色金属冶炼和压延加工业，交通运输设备制造业三个行业的碳配额较多，均超过200000万吨，主要是因为这三个行业存在一定的累计碳排放量且承担了较大的经济发展责任。这表明通过奖惩机制，充分考虑了经济发展水平较高行业能源碳排放的现实依赖性，给经济发展水平高的行业分配较多碳配额，以保证其未来经济发展的稳定性，进一步确保平稳推进低碳转型并早日实现减排目标。有色金属矿采选业、黑色金属矿采选业、非金属矿采选业等采矿业的碳配额较少。与2030年碳排放量相比，两者差额较大，各行业存在不同程度的碳配额盈余和不足。其中，电力、热力生产和供应业，石油、煤炭及其他燃料加工业，黑色金属冶炼和压延加工业，化学原料和化学制品制造业等少数行业出现了碳配额不足，这些行业应充分发掘降碳潜力，调整现阶段粗放型的产业结构和能源结构，以实现绿色低碳化发展；而其余行业均出现较多碳配额盈余，盈余的碳配额可以在二级市场上进行交易以获得额外收益。整体上工业实现了碳配额完全分配，这种综合考虑降碳责任和经济发展责任的分配既能够体现出历史排放公平，又能够保证整体经济效益，符合可持续发展原则。

表 4-12　2030 年工业分行业碳配额的公平分配　　　　单位：万吨

行业	降碳责任 （1）	经济发展 责任 （2）	2030 年公平 碳配额 （3）	2030 年碳 排放量 （4）	碳配额盈余/ 不足 （5）
煤炭开采和洗选业	32351.46	30899.58	79216.74	58184.73	21032.01
石油和天然气开采业	6714.71	10272.67	21869.31	10508.3	11360.92
黑色金属矿采选业	848.34	3178.97	3550.75	2420.99	1129.75
有色金属矿采选业	318.54	1094.45	1660.45	482.65	1177.80
非金属矿采选业	1653.64	3387.74	5864.77	2966.80	2897.97
农副食品加工业	3678.43	54009.61	59571.82	6547.29	53024.53
食品制造业	2344.73	29128.45	29321.06	7526.29	21794.77
酒、饮料和精制茶制造业	1676.65	20372.12	23305.63	2586.07	20719.56
烟草制品业	160.71	32314.96	32769.43	74.60	32694.83
纺织业	4097.01	15830.46	24700.47	4617.47	20083.00
纺织服装、服饰业	451.39	10458.27	11241.31	702.93	10538.38
皮革、毛皮、羽毛 及其制品和制鞋业	231.77	9306.72	9913.68	156.02	9757.66
木材加工和木、竹、 藤、棕、草制品业	638.89	6884.45	8694.51	293.19	8401.32
家具制造业	522.25	11269.67	12876.70	112.23	12764.48
造纸和纸制品业	6217.13	22120.65	29098.35	13489.28	15609.07
印刷和记录媒介复制业	228.30	10441.59	10755.11	438.04	10317.08

续表

行业	降碳责任（1）	经济发展责任（2）	2030年公平碳配额（3）	2030年碳排放量（4）	碳配额盈余/不足（5）
文教、工美、体育和娱乐用品制造业	184.13	14236.27	14090.35	752.09	13338.26
石油、煤炭及其他燃料加工业	154545.90	125403.05	44500.78	589671.64	-545170.86
化学原料和化学制品制造业	48905.09	70768.30	80838.16	150927.03	-70088.87
医药制造业	1628.37	45206.62	47284.56	3282.70	44001.86
化学纤维制造业	2096.24	18956.03	20723.45	5133.46	15589.99
橡胶和塑料制品业	1363.55	33928.56	36338.76	2078.63	34260.14
非金属矿物制品业	40693.67	111905.68	141401.09	104469.26	36931.83
黑色金属冶炼和压延加工业	108293.49	187208.04	228975.57	314737.62	-85762.05
有色金属冶炼和压延加工业	15379.71	113152.50	99544.24	64238.70	35305.54
金属制品业	1483.91	82327.72	80181.38	7031.43	73149.95
通用设备制造业	2142.43	61000.34	65562.93	2490.35	63072.58
专用设备制造业	946.43	59250.72	61374.94	991.46	60383.48
交通运输设备制造业	2039.54	214887.40	218331.31	3270.30	215061.01
电气机械和器材制造业	806.74	133312.74	134691.11	1277.45	133413.67
计算机、通信和其他电子设备制造业	589.34	422653.32	422891.56	1701.88	421189.68
仪器仪表制造业	82.64	14223.32	14424.77	70.60	14354.17
电力、热力生产和供应业	233264.00	193769.70	97075.13	864606.06	-767530.94
燃气生产和供应业	2713.92	40171.59	40596.44	8509.47	32086.97
水的生产和供应业	80.91	23185.56	23281.19	170.72	23110.48

2. 效率分配的实证分析

根据SBM模型和前文设定的四种情景，SBM效率结果如表4-13所示。各行业效率存在巨大差异，其中烟草制品业和金属制品业的效率测算值为1.00，表明这两个行业的效率值位于数据包络前沿面上，达到帕累托最优状态；其余行业的效率普遍较低，大多低于 0.20。对比情景 1 和情景 2、情景 3 和情景 4，可以发现在其他指标预测值固定的情况下，引入碳强度约束会使平均效率提高；对比情景 1 和情景 3、情景 2 和情景 4，可以发现在其他指标预测值固定的情况下，能源消费结构变动①比能源消费结构不变的平均效率更高；同时，对比四种情景的测算结果，发现情景 1 下碳配额的平均效率最高。在各行业资本存量、人力资本、工业总产值固定的情况下，使用能耗强度和碳强度双约束条件下的效率值优于单一约束的效率值。这表明在碳强度约束的基础上，能耗强度约束将迫使各行业调整和优化能源消费结构，以更加接近数据包络效率前沿，从而有利于提高工业整体效率值。

表 4-13 四种情景设置下 2030 年工业分行业碳排放效率测算值

行业	情景 1	情景 2	情景 3	情景 4
煤炭开采和洗选业	0.0552	0.0552	0.0547	0.0547
石油和天然气开采业	0.0282	0.0282	0.0274	0.0274
黑色金属矿采选业	0.0722	0.0722	0.0713	0.0713
有色金属矿采选业	0.0197	0.0197	0.0195	0.0195
非金属矿采选业	0.1067	0.1067	0.1058	0.1057
农副食品加工业	0.2140	0.2132	0.2094	0.2087
食品制造业	0.1115	0.1112	0.1035	0.1033
酒、饮料和精制茶制造业	0.1164	0.1160	0.1146	0.1143
烟草制品业	1.0000	1.0000	1.0000	1.0000
纺织业	0.0663	0.0663	0.0653	0.0653
纺织服装、服饰业	0.1097	0.1088	0.1048	0.1040
皮革、毛皮、羽毛及其制品和制鞋业	0.1397	0.1423	0.1379	0.1405
木材加工和木、竹、藤、棕、草制品业	0.1703	0.1758	0.1692	0.1747
家具制造业	0.1826	0.1827	0.1667	0.1669

---

① 能源消费结构变动是指能耗强度约束条件下的能源消费结构调整。

续表

行业	情景1	情景2	情景3	情景4
造纸和纸制品业	0.1032	0.1031	0.1011	0.1010
印刷和记录媒介复制业	0.1129	0.1108	0.1021	0.1002
文教、工美、体育和娱乐用品制造业	0.1582	0.1563	0.1395	0.1378
石油、煤炭及其他燃料加工业	0.2825	0.2824	0.2798	0.2798
化学原料和化学制品制造业	0.0737	0.0737	0.0730	0.0730
医药制造业	0.1188	0.1182	0.1108	0.1102
化学纤维制造业	0.1214	0.1211	0.1163	0.1160
橡胶和塑料制品业	0.1055	0.1049	0.1017	0.1011
非金属矿物制品业	0.1409	0.1408	0.1398	0.1397
黑色金属冶炼和压延加工业	0.3343	0.3342	0.3332	0.3331
有色金属冶炼和压延加工业	0.1937	0.1935	0.1910	0.1908
金属制品业	1.0000	1.0000	1.0000	1.0000
通用设备制造业	0.1624	0.1611	0.1538	0.1526
专用设备制造业	0.2382	0.2335	0.2240	0.2195
交通运输设备制造业	0.1925	0.1847	0.1625	0.1559
电气机械和器材制造业	0.2422	0.2300	0.2130	0.2023
计算机、通信和其他电子设备制造业	0.3430	0.2812	0.2621	0.2149
仪器仪表制造业	0.2876	0.2755	0.2734	0.2619
电力、热力生产和供应业	0.0821	0.0821	0.0784	0.0784
燃气生产和供应业	0.1355	0.1350	0.1095	0.1091
水的生产和供应业	0.0718	0.0654	0.0617	0.0561
均值	0.1969	0.1939	0.1879	0.1854

注：情景1、情景2、情景3和情景4分别对应能源消费结构变动、存在碳强度约束，能源消费结构变动、不存在碳强度约束，能源消费结构不变、存在碳强度约束，能源消费结构不变、不存在碳强度约束四种设置。

通过情景分析可以发现，基于能耗强度和碳强度双约束条件有利于提高整体效率值，因此以情景1为例进行 ZSG-DEA 效率分配。经过9次迭代计算，获得情景 1 条件下 2030 年工业各行业最终碳配额及效率值，如表 4-14 所示。初始碳配额的平均效率只有 0.13，表明整个工业碳配额的平均效率较低。各行业之间的效率存在较大差距，其中，烟草制品业、金属制品业达到了完全效率 1，在经济发展、低碳技术和能源利用效率等方面都处于较高水平；其余多数行业的效率值低于 0.2，离完全有效还有很大差距，根据松弛变量的指示对这些行业的碳配额进行增减能够提升效率值。经过 9 次迭代调整后，各行业的效率得到了较大幅度的改善。这种效率优化方式可以促进低效率的行业调整能源消费结构、高效管理碳配额，最终实现在碳配额总量保持不变的情况下，通过碳配额的零和调整，让更多行业达到生产前沿的效率分配。

表 4-14　2030 年工业分行业碳配额效率分配　　　　　单位：万吨

行业	初始碳配额	效率值	最终碳配额	效率值
煤炭开采和洗选业	77885.43	0	13289.87	0.96
石油和天然气开采业	14307.83	0	4418.16	0.97
黑色金属矿采选业	3306.96	0	1367.20	0.97
有色金属矿采选业	660.74	0.01	470.67	0.98
非金属矿采选业	4050.62	0	1457.01	0.97
农副食品加工业	9036.71	0.02	23226.63	1.00
食品制造业	10308.18	0.01	12526.78	0.99
酒、饮料和精制茶制造业	3571.54	0.02	8760.96	1.00
烟草制品业	176.32	1.00	13896.73	
纺织业	6325.38	0.01	6807.96	0.99
纺织服装、服饰业	982.72	0.03	4497.51	1.00
皮革、毛皮、羽毛及其制品和制鞋业	234.27	0.14	4002.26	1.00
木材加工和木、竹、藤、棕、草制品业	415.75	0.05	2960.59	1.00
家具制造业	179.07	0.23	4846.41	1.00
造纸和纸制品业	18369.29	0	9513.40	0.98

续表

行业	初始碳配额	效率值	最终碳配额	效率值
印刷和记录媒介复制业	621.49	0.05	4490.32	1.00
文教、工美、体育和娱乐用品制造业	1058.47	0.04	6122.20	1.00
石油、煤炭及其他燃料加工业	593711.85	0	53931.42	0.98
化学原料和化学制品制造业	195131.39	0	30435.86	0.97
医药制造业	4577.44	0.03	19440.83	1.00
化学纤维制造业	7034.21	0.01	8152.11	0.99
橡胶和塑料制品业	2911.77	0.04	14590.75	1.00
非金属矿物制品业	137662.14	0	48126.32	0.98
黑色金属冶炼和压延加工业	378343.84	0	80509.99	0.99
有色金属冶炼和压延加工业	85999.23	0	48662.05	0.99
金属制品业	16622.25	1.00	1310107.43	1.00
通用设备制造业	3535.18	0.06	26232.73	1.00
专用设备制造业	1488.79	0.14	25480.24	1.00
交通运输设备制造业	4953.29	0.15	92410.42	1.00
电气机械和器材制造业	2049.75	0.24	57329.92	1.00
计算机、通信和其他电子设备制造业	3296.79	0.57	181758.09	1.00
仪器仪表制造业	129.11	0.46	6116.59	1.00
电力、热力生产和供应业	635625.78	0	83331.86	0.99
燃气生产和供应业	11667.89	0.01	17275.82	0.99
水的生产和供应业	286.35	0.31	9970.73	1.00
均值		0.13		0.99

整体来看，工业行业的平均效率由 0.13 上升至 0.99，且超半数行业的效率值达到了 1.00，其余行业的效率值在 0.96~0.99，从第 10 次迭代开始无法继续提升效率值。与已有大部分文献不同，本节中并非所有行业的效率值都能达到 1.00，因为本节的 ZSG-DEA 模型是基于产出导向的，且假设期望产出不变，仅

通过非期望产出在工业行业间的零和调整来提升效率，所以存在不能达到效率值为 1 的部分，该研究结果与王文举和孔晓旭（2022）的最终效率情况相符。

由以上分析可知，效率分配体现了在减排约束下工业各行业之间关于碳配额的竞争与协同，分配结果表明整体工业各行业实际碳排放与高效率的碳配额之间存在较大差距，要完全实现效率分配离不开中央和地方各级政府对工业各行业碳配额的统筹与协调。

3. 综合分配实证分析

由计算可得，综合分配的指标权重 W_1 为 0.2633，效率分配的指标权重 W_2 为 0.7369。将 W_1、W_2 代入式（4-6）得到碳配额的综合分配，如表 4-15 所示。金属制品业，计算机、通信和其他电子设备制造业出现较多的碳配额盈余，主要是因为这两个行业的能源发展水平和能源利用效率较高，效率分配的碳配额较多；而电力、热力生产和供应业，石油、煤炭及其他燃料加工业存在较大的碳配额不足，相当于目标减排量均超过 500000 万吨，要想实现减排目标，这些是需要重点进行减污降碳协同治理的行业。综上可知，综合分配既弥补了效率分配下缺少对减排主体的碳配额可接受程度的关注，又解决了公平分配下在经济发展和环境保护过程中忽略投入产出效率的问题。

表 4-15 2030 年工业分行业碳配额的综合分配　　　　单位：万吨

行业	2030 年综合碳配额	2030 年碳排放	碳配额盈余／不足
煤炭开采和洗选业	30649.62	58184.73	−27535.11
石油和天然气开采业	9013.37	10508.39	−1495.02
黑色金属矿采选业	1942.17	2420.99	−478.82
有色金属矿采选业	783.96	482.65	301.31
非金属矿采选业	2617.65	2966.80	−349.15
农副食品加工业	32796.99	6547.29	26249.69
食品制造业	16949.02	7526.29	9422.72
酒、饮料和精制茶制造业	12590.84	2586.07	10004.77

行业	2030 年综合碳配额	2030 年碳排放	碳配额盈余 / 不足
烟草制品业	18866.25	74.60	18791.66
纺织业	11519.39	4617.47	6901.92
纺织服装、服饰业	6273.27	702.93	5570.34
皮革、毛皮、羽毛及其制品和制鞋业	5558.85	156.02	5402.82
木材加工和木、竹、藤、棕、草制品业	4470.44	293.19	4177.25
家具制造业	6960.93	112.23	6848.70
造纸和纸制品业	14670.47	13489.28	1181.19
印刷和记录媒介复制业	6139.95	438.04	5701.91
文教、工美、体育和娱乐用品制造业	8220.36	752.09	7468.27
石油、煤炭及其他燃料加工业	51448.16	589671.64	−538223.48
化学原料和化学制品制造业	43707.70	150927.03	−107219.33
医药制造业	26772.60	3282.70	23489.90
化学纤维制造业	11462.37	5133.46	6328.91
橡胶和塑料制品业	20317.40	2078.63	18238.77
非金属矿物制品业	72687.27	104469.26	−31781.99
黑色金属冶炼和压延加工业	119603.68	314737.62	−195133.93
有色金属冶炼和压延加工业	62060.26	64238.70	−2178.44
金属制品业	986245.47	7031.43	979214.04
通用设备制造业	36589.09	2490.35	34098.74
专用设备制造业	34931.97	991.46	33940.51
交通运输设备制造业	125567.69	3270.30	122297.39
电气机械和器材制造业	77700.53	1277.45	76423.09
计算机、通信和其他电子设备制造业	245252.93	1701.88	243551.05
仪器仪表制造业	8304.29	70.60	8233.69
电力、热力生产和供应业	86950.71	864606.06	−777655.35
燃气生产和供应业	23416.56	8509.47	14907.09
水的生产和供应业	13475.62	170.72	13304.90

4. 公平性与效率性分析

一是公平性分析。经计算，2030 年公平分配、效率分配的基尼系数分别为 0.0135、0.5490，综合分配的基尼系数为 0.3980，小于 0.4，表明综合分配解决了效率分配公平性不足的问题。

二是效率性分析。根据前文构建的 ZSG-SBM 模型测算效率值，如表 4-16 所示。2030 年碳排放效率平均水平为 0.20，整体效率水平较低。具体来看，有超过半数的行业的效率值低于平均水平，存在较大的提升空间。由分析结果可知，经过不同分配后，效率水平均大于 0.20，更加接近效率生产前沿，表明通过不同原则重新配置碳配额，起到了效率优化作用。综合分配的平均效率水平达到了 0.31，高于公平分配和效率分配的平均效率，表明综合分配兼顾了公平与效率。具体来看，无论何种分配，烟草制品业和金属制品业的效率值都达到了 1.00，实现了完全有效，然而剩余行业的效率值偏低，表明行业间的效率水平差距较大。

表 4-16　2030 年工业分行业碳配额不同分配的 ZSG-SBM 效率值

行业	ZSG-SBM 效率值			
	2030 年碳排放	2030 年碳配额		
		公平原则	效率原则	综合原则
煤炭开采和洗选业	0.06	0.06	0.08	0.07
石油和天然气开采业	0.03	0.03	0.04	0.04
黑色金属矿采选业	0.07	0.10	0.11	0.11
有色金属矿采选业	0.02	0.03	0.03	0.03
非金属矿采选业	0.11	0.13	0.16	0.14
农副食品加工业	0.21	0.31	0.32	0.31
食品制造业	0.11	0.18	0.17	0.18
酒、饮料和精制茶制造业	0.12	0.16	0.17	0.17
烟草制品业	1.00	1.00	1.00	1.00
纺织业	0.07	0.08	0.10	0.09

续表

行业	ZSG-SBM 效率值			
	2030 年碳排放	2030 年碳配额		
		公平原则	效率原则	综合原则
纺织服装、服饰业	0.11	0.16	0.16	0.16
皮革、毛皮、羽毛及其制品和制鞋业	0.14	0.20	0.20	0.20
木材加工和木、竹、藤、棕、草制品业	0.17	0.23	0.25	0.24
家具制造业	0.18	0.24	0.25	0.25
造纸和纸制品业	0.10	0.14	0.15	0.15
印刷和记录媒介复制业	0.11	0.16	0.17	0.17
文教、工美、体育和娱乐用品制造业	0.16	0.33	0.23	0.33
石油、煤炭及其他燃料加工业	0.28	1.00	0.42	1.00
化学原料和化学制品制造业	0.07	0.10	0.11	0.11
医药制造业	0.12	0.17	0.18	0.18
化学纤维制造业	0.12	0.18	0.18	0.18
橡胶和塑料制品业	0.11	0.15	0.16	0.15
非金属矿物制品业	0.14	0.19	0.21	0.20
黑色金属冶炼和压延加工业	0.33	0.46	0.50	0.48
有色金属冶炼和压延加工业	0.19	0.41	0.29	0.41
金属制品业	1.00	1.00	1.00	1.00
通用设备制造业	0.16	0.23	0.24	0.24
专用设备制造业	0.24	0.34	0.34	0.34
交通运输设备制造业	0.19	0.27	0.27	0.27
电气机械和器材制造业	0.24	0.35	0.33	0.35
计算机、通信和其他电子设备制造业	0.34	0.56	0.42	0.56
仪器仪表制造业	0.29	0.36	1.00	0.36
电力、热力生产和供应业	0.08	1.00	0.12	1.00
燃气生产和供应业	0.14	0.22	0.20	0.22
水的生产和供应业	0.07	0.11	0.10	0.11
均值	0.20	0.30	0.28	0.31

第三节　碳配额分配视角下的减污降碳协同效应分析

中国生态环境保护进入减污降碳协同治理的新阶段，推动碳配额分配的减污降碳协同治理是新时代中国生态环境保护的内在要求。基于此，在构造减污降碳协同效应量化评估方法的基础上，本节利用中国工业各行业的数据对减污降碳协同效应开展量化评估，以揭示中国工业各行业减污降碳协同效应的现状及其演变特征。

本节以中国工业 35 个行业为研究对象，样本考察期为"十四五"时期（2021—2025 年）和 2030 年。投入变量和期望产出与前文一致，非期望产出为碳配额和工业 SO_2 排放量，碳配额由前文综合分配实证测算得到。

一、工业整体层面碳配额的减污降碳协同效应

中国工业涉及产品种类繁多、原料来源广泛、工艺流程长、产污环节多，具有排污量大复合污染突出、碳排放强度大等基本特征。因此，工业生产全过程减污降碳是一个大型的复杂过程系统工程，工业领域的减污降碳任重而道远。

由式（4-23）进行测算可得，"十四五"时期工业各行业边际减污成本呈现先增后减的趋势，边际降碳成本呈现逐渐下降趋势。由表 4-17 可知，在样本考察期内，当为单独减排时，边际减污成本由 2021 年的 0.0365 亿元 / 吨上升到 2024 年的 0.2786 亿元 / 吨，在 2025 年下降到 0.0479 亿元 / 吨，年均增长率为 7.03%；当为联合减排时，边际减污成本由 2021 年的 0.0381 亿元 / 吨上升到 2024 年的 0.2690 亿元 / 吨，在 2025 年下降到 0.0405 亿元 / 吨，年均增长率 1.54%。与单独减排相比，联合减排时的边际减污成本较低且增速较慢。当为单独减排时，边际降碳成本由 2021 年的 0.3471 亿元 / 万吨下降到 2025 年的 0.1516 亿元 / 万吨，年均减少 18.71%；当为联合减排时，边际降碳成本由 2021 年的

0.4045 亿元 / 万吨下降到 2025 年的 0.0858 亿元 / 万吨，年均减少 32.14%。与单独减排相比，联合减排时边际降碳成本较高且降速较快。

表 4-17　工业整体层面碳配额的减污降碳协同效应

年份	单独减排		联合减排		减污效应（%）	降碳效应（%）	减污降碳协同效应（%）
	边际减污成本（亿元 / 吨）	边际降碳成本（亿元 / 万吨）	边际减污成本（亿元 / 吨）	边际降碳成本（亿元 / 万吨）			
2021	0.0365	0.3471	0.0381	0.4045	−4.3836	−16.5370	−10.4603
2022	0.0528	0.3191	0.0545	0.3862	−3.2197	−21.0279	−12.1238
2023	0.1922	0.2197	0.1935	0.2112	−0.6764	3.8689	1.5963
2024	0.2786	0.1768	0.2690	0.1616	3.4458	8.5973	6.0215
2025	0.0479	0.1516	0.0405	0.0858	15.4489	43.4037	29.4263
均值	0.1216	0.2429	0.1191	0.2499	2.1230	3.6610	2.8920

"十四五"时期减污降碳协同效应呈波动上升趋势。具体来看，2021 年和 2022 年的减污降碳协同效应为负值，主要是因为处于减污和降碳协同治理进程初期，联合减排未能完全发挥作用，尤其是单独降碳比联合减排效果更明显。2023—2025 年减污效应和降碳效应明显提升，且联合减排时的降碳效应大于减污效应。随着中国不断推进协同治理，减污和降碳之间能够展现出良好的互动效果。

二、行业层面碳配额的减污降碳协同效应

国务院印发的《2024—2025 年节能降碳行动方案》围绕能源、工业、建筑、交通、公共机构、用能设备等重点领域和重点行业，部署了节能降碳行动，为相关行业减污降碳改造升级指明了方向。基于此，本节从行业层面分析碳配额的减污降碳协同效应变化情况，从而寻找符合可持续发展的工业绿色低碳发展路径。

由表 4-18 的测算结果可知，2030 年中国工业绝大多数行业存在减污降碳协同效应。其中，烟草制品业、金属制品业、专业设备制造业等 6 个行业的协同效应为负值，这些行业大气污染与温室气体之间的联合减排弹性十分敏感，因此联合减排时存在边际减排成本增加的情况，从而产生严重的负效应。相比之下，水的生产和供应业，纺织服装、服饰业，石油和天然气开采业3个行业的协同效应较低，前者边际减排成本较低且变化幅度较小，后两者的边际减污成本较低且缩减空间较小，因此很难通过边际减排成本的变化来实现减污降碳协同增效。协同效应较高的3个行业依次为电气机械和器材制造业、食品制造业、通用设备制造业，这些行业充分利用资源配置和管理模式优势，努力改变产业结构和提高产业效率，以通过减污降碳协同促进低碳发展、提质增效。

表4-18　2030年行业碳配额的减污降碳协同效应

行业	单独减排		联合减排		减污效应	降碳效应	减污降碳协同效应
	边际减污成本	边际降碳成本	边际减污成本	边际降碳成本			
煤炭开采和洗选业	16.4348	0.7613	13.2831	0.4340	19.1770	42.9923	31.0846
石油和天然气开采业	2.8135	0.8352	2.8135	0.7341	0	12.1049	6.0524
黑色金属矿采选业	11.9737	0.7438	7.6170	0.5546	36.3856	25.4369	30.9113
有色金属矿采选业	2.6155	0.9266	2.6155	0.7733	0	16.5444	8.2722
非金属矿采选业	9.2080	0.6409	6.3076	0.4722	31.4987	26.3224	28.9105
农副食品加工业	16.1725	0.3529	15.2608	0.1540	5.6373	56.3616	30.9995
食品制造业	29.0560	0.8777	3.0257	0.7975	89.5867	9.1375	49.3621
酒、饮料和精制茶制造业	43.1510	0.4339	18.4068	0.3427	57.3433	21.0187	39.1810
烟草制品业	9.4169	0.2878	11.7861	0.2821	−25.1590	1.9805	−11.5892
纺织业	31.0344	0.7314	20.3374	0.4797	34.4682	34.4135	34.4408
纺织服装、服饰业	0	0.6838	0	0.6077	0	11.1290	5.5645
皮革、毛皮、羽毛及其制品和制鞋业	1701.3847	0.4336	707.8442	0.3433	58.3960	20.8256	39.6108
木材加工和木、竹、藤、棕、草制品业	20.1205	0.5855	9.3937	0.3829	53.3128	34.6029	43.9578
家具制造业	105.4647	0.4475	46.7575	0.3382	55.6653	24.4246	40.0449
造纸和纸制品业	20.4846	0.6752	11.1150	0.4358	45.7397	35.4562	40.5979

行业	单独减排		联合减排		减污效应	降碳效应	减污降碳协同效应
	边际减污成本	边际降碳成本	边际减污成本	边际降碳成本			
印刷和记录媒介复制业	742.5406	0.4588	301.1979	0.3674	59.4368	19.9215	39.6792
文教、工美、体育和娱乐用品制造业	9.7147	0.9050	5.1898	0.9077	46.5779	−0.2983	23.1398
石油、煤炭及其他燃料加工业	1.5022	0.7456	0.1534	0.8900	89.7883	−19.3670	35.2107
化学原料和化学制品制造业	5.8509	0.7394	4.1219	0.6076	29.5510	17.8253	23.6881
医药制造业	284.6150	0.4800	133.5700	0.3199	53.0699	33.3542	43.2121
化学纤维制造业	26.4839	0.6629	12.4896	0.4057	52.8408	38.7992	45.8200
橡胶和塑料制品业	77.0447	0.5339	36.8402	0.4253	52.1833	20.3409	36.2621
非金属矿物制品业	1.6657	0.6206	1.0589	0.5213	36.4291	16.0006	26.2149
黑色金属冶炼和压延加工业	0.8559	0.4351	0.3593	0.3418	58.0208	21.4433	39.7321
有色金属冶炼和压延加工业	0.2204	0.7969	0.1487	0.7964	32.5318	0.0627	16.2973
金属制品业	9.2339	0.0021	12.0304	0.0025	−30.2851	−19.0476	−24.6664
通用设备制造业	1285.1575	0.3777	1096.7528	0.0777	14.6600	79.4281	47.0441
专用设备制造业	22.6375	0.1708	22.6384	0.2604	−0.0040	−52.4590	−26.2315
交通运输设备制造业	6.4331	0.3388	6.3944	0.7539	0.6016	−122.5207	−60.9595
电气机械和器材制造业	24.4686	0.3669	13.8040	0.0718	43.5848	80.4306	62.0077
计算机、通信和其他电子设备制造业	9.5857	0.6471	9.5481	0.4607	0.3923	28.8054	14.5988
仪器仪表制造业	10.2387	0.1814	10.2444	0.2580	−0.0557	−42.2271	−21.1414
电力、热力生产和供应业	0.0267	0.9052	0.0323	0.9009	−20.9738	0.4750	−10.2494
燃气生产和供应业	0.0761	0.8916	0.0509	0.8907	33.1143	0.1009	16.6076
水的生产和供应业	5.1025	0.9056	4.9783	0.9038	2.4341	0.1988	1.3164
均值	129.7939	0.5881	72.8048	0.4942	29.0271	13.5434	21.2853

与工业整体层面的实证结果对比发现，2030年碳配额的减污降碳协同效应平均水平显著提升，由"十四五"时期的2.8920%增长到2030年的21.2853%，通过节约边际减排成本，联合减排策略能够全面统领减污降碳，促进资源高效利用和工业全面绿色转型。

第四节　本章小结

工业是中国实现减排目标的重点战略部门，明晰中国产业部门及工业分行业碳配额的分配目标与责任及其减污降碳协同效应是顺利实现碳达峰目标、推进减污降碳协同治理的关键所在。

首先，本章对比分析了14个产业部门三种不同碳配额分配方案的减排压力和减排成本效应。研究发现：一是石油、化工等高耗能产业在经济发展过程中产生了大量碳排放，因此在减排责任的基础上，将减排能力纳入公平原则分配方案，既体现了产业部门间的历史排放公平，又保证了整体经济效率。二是效率分析表明，产业部门初始平均效率水平较低，经过3次迭代后更多的产业部门达到了生产前沿，且产业部门的效率得到了明显提升。三是综合原则分配方案融合了两种分配方案的优势，既弥补了效率原则下缺少对减排主体的碳配额可接受程度的关注，又解决了公平原则下在经济发展和环境保护过程中忽略投入产出效率的问题。

其次，本章对比分析了35个工业行业的三种不同碳配额分配方案的边际减污成本和边际降碳成本，并检验了碳配额的减污降碳协同效应。研究发现：三种方案均实现了工业碳配额的完全分配，且35个工业行业在能耗强度和碳强度双约束条件下的效率值优于单一约束的效率值。

最后，从减污降碳协同效应来看，工业各行业间差异明显。电力、热力生产和供应业，石油、煤炭及其他燃料加工业，黑色金属冶炼和压延加工业是中国工业碳排放的主要释放行业，其他行业的碳排放较少。综合分配下，电力、热力生产和供应业，石油、煤炭及其他燃料加工业存在较大的碳配额不足，不同行业碳配额的减污降碳协同效应差别较为显著。

第五章　市场间碳排放权交易及减污降碳协同机制研究

　　"十四五"时期，中国生态文明建设进入了以降碳为重点战略方向、推动减污降碳协同增效、促进经济社会发展全面绿色转型、实现生态环境质量改善由量变到质变的关键时期。然而，随着中国工业化与城市化进程的加快，中国工业产业高能耗与高碳排放的结构特点愈加突出，为中国气候变化与环境治理工作带来了双重挑战。2022年，生态环境部、国家发展改革委等七部门联合印发《减污降碳协同增效实施方案》，强调"要切实发挥好降碳行动对生态环境质量改善的源头牵引作用，充分利用现有生态环境制度体系协同促进低碳发展，推动减污降碳协同增效"。但中国长期以来的环境治理经验表明，此次减污降碳协同治理不能仅依靠政府的行政手段，还应重视市场机制在其中的关键作用，做到政府与市场协同发力。基于第四章的研究，当企业在碳配额不足时，会购买碳排放权，而碳排放权交易作为一项核心的市场化政策工具，能否促进污染物与碳排放的协同减排，亟须得到理论与实践的验证。鉴于此，本章将在第四章碳配额分配的基础上，以中国碳排放权交易试点地区为研究对象，探讨碳配额分配之后的碳排放权交易，并实证检验该政策对试点地区减污降碳协同治理水平的影响。

第一节　碳排放权交易与减污降碳协同治理关系研究

一、问题的提出

（一）中国减污降碳工作的新形势、新任务、新要求

长期以来，中国的能源结构以煤炭为主，这导致高碳能源被大量使用。煤炭作为中国主要的能源来源，在促进经济发展的同时，也产生了大量的温室气体排放，如 CO_2 等。此种以煤为主的能源结构直接影响了中国碳排放的强度与规模，为中国实现碳减排带来了严峻的挑战。同时，随着工业化与城市化进程的加速，中国形成了以重化工业为主的产业结构，这通常伴随高能耗与高碳的排放，尤其是在钢铁、电力、建材等关键领域，此种特征尤为明显。高能耗、高碳的产业结构加剧了碳排放的压力，也为环境治理增加了难度。该种碳排放与污染物同根同源的特性使减污降碳需要采取协同的策略，而不能简单地将两者分开处理。因此，面对生态文明建设新形势新任务新要求，基于环境污染物和碳排放高度同根同源的特征，必须立足实际，遵循减污降碳内在规律，强化源头治理、系统治理、综合治理，切实发挥好降碳行动对生态环境质量改善的源头牵引作用，充分利用现有生态环境制度体系协同促进低碳发展，创新政策措施，优化治理路线，推动减污降碳协同增效。为此，自 2020 年中国首次提出"减污降碳协同效应"以来，相关部门也作出了一系列关于推进"双减"工作顺利实施的重大部署（见表 5-1）。然而，中国长期以来的环境治理历程表明，减污降碳协同治理不能仅依赖强制性的行政手段，还必须坚持政府和市场协同发力。据此，我国相关部门也联合发文声明要切实利用好碳排放权交易政策，以全国统一碳排放权交易市场为依托，有效推进中国减污降碳工作持续增效。

表 5-1　中国有关减污降碳工作的政策部署

时间	事件	主要举措
2020 年	中央经济工作会议	继续打好污染防治攻坚战，实现减污降碳协同效应
2021 年	中央财经委员会第九次会议	要实施重点行业领域减污降碳行动，加快推广应用减污降碳技术，建立完善绿色低碳技术评估、交易体系和科技创新服务平台
	中央经济工作会议	加快形成减污降碳的激励约束机制，防止简单层层分解
	中共中央政治局第二十九次集体学习	要把实现减污降碳协同增效作为促进经济社会发展全面绿色转型的总抓手，加快推动产业结构、能源结构、交通运输结构、用地结构调整
2022 年	中共中央政治局第三十六次集体学习	要把"双碳"工作纳入生态文明建设整体布局和经济社会发展全局，坚持降碳、减污、扩绿、增长协同推进，加强政策衔接
	生态环境部等 7 部门联合印发《减污降碳协同增效实施方案》	充分利用现有生态环境制度体系协同促进低碳发展，创新政策措施，优化治理路线，推动减污降碳协同增效
2023 年	国家发展改革委等 3 部门联合印发《关于推进污水处理减污降碳协同增效的实施意见》	推进污水处理行业减污降碳协同增效，持续提升其能效水平和降碳能力
2024 年	中国共产党第二十届中央委员会第三次全体会议	完善生态文明制度体系，协同推进降碳、减污、扩绿、增长，完善生态文明基础体制，健全生态环境治理体系，健全绿色低碳发展机制

（二）中国碳排放权交易市场的减污降碳协同效应

中国碳排放权交易制度作为典型的市场激励型政策工具，自 2013 年开启首批碳排放权交易试点开始已运行十年有余，在此期间，全国碳市场发展成效逐步彰显。在保障电力行业快速发展、能源安全的前提下，2023 年全国火电碳排放强度（单位火力发电量的二氧化碳排放量）相比 2018 年下降 2.38%，电力碳排放强度（单位发电量的二氧化碳排放量）相比 2018 年下降 8.78%，通过碳市场推动温室气体减排，促进能源结构调整，激励先进、约束落后的导向作用更加明显。2024 年 4 月 24 日，全国碳排放权交易市场收盘价首次突破每吨百元。碳排放权的绿色金融属性获得越来越多金融机构的认可，碳排放权交易价格为开展气候投融资、碳资产管理、配额质押等锚定了基准价格，撬动了更多绿色低碳投资，促进火电行业能效提升、能源结构调整，显现出对绿色低碳高质量发展的积极推动作用。中国碳排放权交易市场实践证明碳交易有效降低了碳排放总量，行业减排效果也逐步显现。然而，碳排放权交易制度是否有助于降低污染物排放量，从而推进碳污协同减排，亟待进行进一步实证考察。对此，不少学者针对该话题展开实证研究，并形成一些共识：在碳交易与碳减排方面，碳排放权交易有效促进了试点地区碳排放量的减少（宋德勇、夏天翔，2019；Zhang et al.，2020；Gao et al.，2020）。在减污降碳协同效应方面，污染物和碳排放可以间接协调（李红霞等，2022；Jiang et al.，2023；马彦瑞、刘强，2024），且减污降碳协同效应在全国、区域和省域层面均呈现时空分布特征（王雅楠等，2024）。在碳交易与减污降碳协同效应方面，CO_2 和大气污染物能够通过碳排放交易体系协同减排，其中 CO_2 和 SO_2 的协同减排效果最为显著（Li et al.，2021；Chen et al.，2022；He et al.，2022；Li et al.，2024），并且碳交易市场政策主要通过能源利用和绿色技术生产来提升减污降碳的协同效率（陈绍晴、吴俊良，2022；陆敏等，2022；丁丽媛等，2023；Gan et al.，2024；罗良文、雷朱家华，2024）。可见，单独针对减污降碳协同效应分析其产生机制的文献研究有很多，但鲜有学者将减污降碳协同与碳排放权交易政策结合起来，量化减污降碳效应，忽视了实现协同减排效应的深层关联机制。即便不少学者对碳排放权交易政策展开效应评估，其研究对象也仍是碳排放量，并未考虑该政策对污染物排放产生的影响，缺乏对环境保护和气候治理的整体分析。鉴于此，本章以全国碳排放权交易试点城市为主要研究对象，着重探讨了该政策对试点地区减污降碳协同治理水平的影响、异质性及作用机理，并运用灰色关联分析衡量了不同试点地区的碳污协同减排潜力，以期为中国碳市场体系的完善与"双减"工作提供经验借鉴和政策参考。

二、研究假设

（一）碳排放权交易的减污降碳协同效应分析

碳排放权交易是政府为完成温室气体减排目标而采用的一种政策手段，指在一定空间和时间范围内，将该控排目标转化为碳排放配额，并且通过科学、合理的规则分解，分配给控排企业，通过企业交易其碳排放配额，最终以相对较低的成本实现控排目标。具体而言，在碳排放权交易市场中，政府确定减排目标并采取配额制度，将初始碳排放权分配给纳入交易体系的企业。企业可以在市场上自由交易这些碳排放权，那些能够有效减少碳排放、降低减排成本的企业可以通过出售多余的碳排放权获得经济收益，从而得到减排的经济激励。碳排放权交易市场的核心是将碳排放的权利作为一种资产标的进行公开交易。这种市场机制的设计旨在通过经济激励，促使企业减少碳排放，进而达成整体减排的目标。由此，碳排放的外部性成本可以通过碳排放权交易内部化，减少碳排放。环境污染物与温室气体排放具有高度同根、同源、同过程特性和排放时空一致性特征，化石能源消费、工业生产、交通运输、居民生活等均是环境污染物与温室气体排放的主要来源，这意味着减污和降碳的控制对象一致，两项工作在很大程度上可以协同推进。然而，碳排放权交易市场机制作为中国碳减排的一项核心政策工具，能否发挥减污降碳协同作用，亟须深入研究。

现有文献表明，在碳排放权交易机制下，碳交易政策可以帮助各部门实现减少碳排放和控制空气污染的协同效益，且其中 CO_2 与 SO_2 的协同控制效果最显著（陆敏等，2022；丁丽媛等，2023；Xian et al.，2024）。在碳交易对减污降碳协同效应的影响机制方面，碳排放权交易机制主要通过促进产业结构升级、能源结构优化、绿色技术创新和能源利用效率提升，实现减污降碳协同治理（Zhang et al.，2020；张雪纯等，2024；刘亦文、邓楠，2024）。也有学者认为，碳排放权交易政策通过促进污染产业转移，实现碳污协同减排（叶芳羽等，2022）。在碳交易影响减污降碳协同效应的异质性方面，学者尚未形成共识。有学者认为，碳排放交易制度对东部地区的减污降碳效应更为显著（陆敏等，2022；张雪纯等，2024）。也有部分学者认为，在行政干预力度越大和市场化程度越高的地区或在规模越大和工业化程度越高的城市，该政策对减污降碳协同治理的促进作用越强（叶芳羽等，2022；刘亦文、邓楠，2024）。此外，通过同类政策对比，发现排污权、碳排放权交易均显著降低了 SO_2 和 CO_2 排放量，实现了减污降碳的协同效应，且在减少 SO_2 污染方面，排污权、碳排放权交易组合政策比各类政策的单独实施更为有效（Yan et al.，2020；朱思瑜、于冰，2023）。

鉴于以上分析，本章提出第一条假设。

H5-1：碳排放权交易机制有助于推进试点地区减污降碳协同增效。

（二）碳排放权交易促进"双减"效应的配置效应分析

碳排放权交易促进减污降碳协同的配置效应可以从能源消费结构的角度解释。"碳污同源"主要是指环境污染物与 CO_2 排放呈现显著的同根、同源性，它们往往源于相同的生产过程或能源消费方式。在发电、工业生产等过程中，燃烧化石燃料会产生大量的能量，但同时也会释放大量的 CO_2 和其他污染物。因此，化石燃料的使用不仅导致环境污染物的排放，也是碳排放的主要来源之一，充分体现了"碳污同源"的特点。为减少这种同源性带来的环境问题，需要推动清洁能源和可再生能源的发展，减少化石燃料的消费。据此，《减污降碳协同增效实施方案》中明确提出，"要推动能源供给体系清洁化低碳化和终端能源消费电气化。实施可再生能源替代行动，大力发展风能、太阳能、生物质能、海洋能、地热能等，不断提高非化石能源消费比重"。随着清洁能源在能源消耗结构中的比重增加，化石燃料的消耗将会相应减少，从而减少污染物排放和碳排放，实现减污降碳协同效应。

为此，不少学者针对该主题展开研究，并达成了共识：碳交易通过能源替代和结构升级效应产生减污降碳协同效应，从而实现区域的绿色可持续发展（Liu et al.，2021；Wu，2022）。也有学者认为，碳交易政策通过降低能源强度帮助减少碳源与污染源，实现减污降碳协同（Wang et al.，2022），且碳排放交易体系驱动的 CO_2 减排取决于能源效率和产业结构的综合作用（Li et al.，2021）。

鉴于以上分析，本章提出第二条假设。

H5-2：碳排放权交易通过配置效应提升了试点地区的减污降碳协同治理水平。

（三）碳排放权交易促进"双减"效应的技术效应分析

在政府严格的碳排放限制和配额分配制度的压力下，高污染企业将寻找更加环保和高效的生产方式。一方面，此种制度压力将促使企业加大技术研发投入力度，寻求降低碳排放和污染物排放的新技术、新工艺；另一方面，随着碳排放权价格的上升，企业面临更高的减排成本，这将进一步激励企业寻求绿色技术创新，以降低碳排放并节约成本。然而，在绿色技术创新的推动下，企业开始采用更加环保和高效的生产工艺和设备，进而促进了碳排放和污染物排放的降低（高晗博等，2023；杨晓军、薛洪畅，2024；边志强、张倩华，2024）。对此，中国也一度将技术创新作为推动碳减排与污染物减排的一项重要举措，提出"要加强技术协同应用，加强碳捕集与利用等技术试点应用，加快重点领域绿色低碳共性技术示范、制造、系统集成和产业化"等一系列政策措施。在有关技术效应推动碳交易下减污降碳协同增效的文献中，学者就技术创新推动减污降碳协同治理水平的提升这一结论达成了共识：中国的碳排放权交易制度试点确实对污染物和碳排放水平产生了显著的"减排效果"，这可能是通过促进企业绿色技术的应用和转化来实现的（Liu et al.，2021；Yan et al.，2024）。在进一步分析中，学者普遍认为，绿色技术创新能够推动试点地区减污降碳协同效应增效与减污降碳协同治理水平的提升。但考察的角度有所不同，一部分学者认为，在碳交易政策影响减污降碳协同治理水平中起到显著的中介作用（边志强、张倩华，2024；黄巧龙，2023；张凡，2024），即试点地区通过技术效应来推动减污降碳协同治理；也有学者直接考察技术创新对减污降碳协同治理水平的影响（韩冬日等，2023；孙凡、杨青，2023；杨晓军、薛洪畅，2024）。

鉴于以上分析，本章提出第三条假设。

H5-3：碳排放权交易通过技术效应提升了试点地区的减污降碳协同治理水平。

（四）碳排放权交易促进"双减"效应的结构效应分析

笔者认为，碳排放权交易的结构效应对减污降碳协同效应的影响主要在于，碳交易政策能够促使"三高"企业绿色低碳转型，进而促使其提供绿色产品和服务，协助推进减污降碳协同增效。产业结构高级化是产业结构内部资源配置持续合理、产业效率持续提高的动态过程，要与产业发展的内外部环境相协调。在碳排放权交易机制下，产业结构高级化成为企业应对碳排放权交易机制的重要策略。产业结构升级意味着从高能耗、高排放的传统产业向低能耗、低排放的绿色产业或高新技术产业转变。这种转变有助于实现绿色技术创新、清洁能源替代及资源的循环利用，进而减弱整个经济体系的碳排放强度，从而减少地区污染物排放量和碳排放量，实现减污降碳协同。对此，部分学者在探讨碳交易与地区绿色低碳发展的关系时，发现碳交易实施对能源结构优化、产业结构升级与技术进步具有正向影响，绿色能源消费占比增加、高技术产业结构提升与技术进步是碳交易提高试点地区绿色低碳发展水平的主要机制（乔森、郭子欣，2022；王功贺，2022；马兆良、徐晓庆，2024）。此外，在研究减污降碳协同效应时部分学者发现产业结构升级通过提高资源利用效率，促进以高技术为核心的技术密集型产业与以"三高"为特征的重污染企业绿色低碳发展，降低单位产品能耗，进而促进减污降碳协同效应的提高（Wang et al.，2022；Zha et al.，2023；郭沛、王光远，

2023；陈小龙等，2023；李汶豫等，2024；王雅楠等，2024）。

鉴于以上分析，本章提出第四条假设。

H5-4：碳排放权交易通过结构效应提升了试点地区的减污降碳协同治理水平。

三、研究设计与变量说明

（一）模型设定

双重差分法（DID）是一种用于研究政策实施或其他干预事件对某一经济指标影响的计量经济学方法。该方法的优点在于能够消除时间不变的个体特征和处理组与未处理组之间的异质性，从而得到更准确的因果效应估计。固定效应模型的优点在于，可消除不随时间变化的个体差异对结果的影响，提高因果效应估计的准确性。然而，在现实生活中，一个经济现象的发生除受政策影响外，还受时间和个体变动的影响。因此，笔者通过借鉴陆敏等（2022）的做法，基于环境压力模型，将传统 DID 和固定效应模型相结合来评估碳排放权交易政策能否实现试点城市的减污降碳协同效应。构建模型如下：

$$Pol\_carbon_{it} = \alpha_0 + \alpha_1 (Treated_i \times Time_t) + \beta Control_{it} + \gamma_i + \theta_t + \varepsilon_{it} \tag{5-1}$$

式中：Pol_carbon_{it} 为减污降碳协同治理水平，作为该模型的被解释变量。$Treated_i \times Time_t$ 为核心解释变量，其中，$Treated_i$ 为城市虚拟变量，若该城市为碳排放权交易试点城市则赋值为 1，否则赋值为 0；$Time_t$ 为时间虚拟变量，因七个碳排放权交易试点地区的启动时间为 2013 年末至 2014 年初，故将 2014 年作为碳交易试点政策开始的时间，对各地区处于 2014 年之前的赋值为 0，2014 年之后的赋值为 1。$Control_{it}$ 为一系列自变量与控制变量。γ_i 为省份固定效应。θ_t 为时间固定效应。ε_{it} 为随机误差项。

（二）变量说明

1. 被解释变量

本章的被解释变量为 *Pol_carbon* 减污降碳协同治理水平，该变量为负向指标，其用环境污染指数和碳排放量的交乘项表示，采用二者的交乘项来表征减污降碳协同治理水平，既能体现出二者整体性、系统性的减排程度，也与"碳污同源"的观点相契合。该指标的测度利用改进的熵权 –TOPSIS 法测算的环境污染指数与碳排放量的交乘项来表征。该指数利用 2009—2021 年全国各地级市的工业"三废"数据，包括工业废水排放量、工业二氧化硫排放量、工业烟粉尘排放量。该指数的值越大表明环境污染程度越深，反之则越浅。该指数的具体测度方法如下。

第一，原始数据标准化：

$$y_{ij} = \frac{\boldsymbol{x}_{ij} - \max\left(x_j\right)}{\max\left(x_j\right) - \min\left(x_j\right)} \tag{5-2}$$

式中：y_{ij} 为数据指标标准化后的值；x_{ij} 为 j 地区 i 指标的原始值，是 $m \times n$ 的判断矩阵，其中 $i = 1, 2, \cdots, m$，$j = 1, 2, \cdots, n$。

第二，熵值计算：

$$e(y_j) = -\sum_{i=1}^{m} (y_{ij} \ln y_{ij}) \tag{5-3}$$

$$e_j = \frac{e(y_j)}{\ln m} \tag{5-4}$$

$$d_j = 1 - e_j \tag{5-5}$$

式中：$\frac{1}{\ln m}$ 为玻尔兹曼常量，其中 $i = 1, 2, \cdots, m$；$j = 1, 2, \cdots, n$。

第三，熵权求解：

$$w_j = \frac{d_j}{\sum_{i=1}^{m} d_i} \tag{5-6}$$

第四，构建加权决策矩阵：

$$\mathbf{v} = (v_{ij})_{m \times n} \quad \begin{matrix} w_1 y_{11} & \cdots & w_n y_{1n} \\ \vdots & \ddots & \vdots \\ w_1 y_{m1} & \cdots & w_n y_{mn} \end{matrix} \qquad (5\text{-}7)$$

式中：w_j 为权重；y_{ij} 为数据指标标准化后的值。

第五，计算正、负理想解：

$$v^+ = \left\{ \max(v_{ij}) \mid i = 1, 2, \cdots, m \right\} \qquad (5\text{-}8)$$

$$v^- = \left\{ \min(v_{ij}) \mid i = 1, 2, \cdots, m \right\} \qquad (5\text{-}9)$$

第六，计算距离：

$$\begin{cases} d_i^+ = \sqrt{\sum_{j=1}^{n} \left(v_{ij} - v_j^+ \right)^2} \\ d_i^- = \sqrt{\sum_{j=1}^{n} \left(v_{ij} - v_j^- \right)^2} \end{cases}, \quad (i = 1, 2, \cdots, m) \qquad (5\text{-}10)$$

第七，计算贴进度：

$$F_i = \frac{d_i^-}{d_i^+ + d_i^-}, \quad (i = 1, 2, \cdots, m) \qquad (5\text{-}11)$$

贴进度表示评价对象与最优方案的贴近程度，$F_i \in [0,1]$。本章的环境污染指数为负向指标，因此若该值趋近于 1，则表明该地区的环境污染程度较大；若该值趋近于 0，则表明该地区的环境污染程度较小。

2. 核心解释变量

$Treated_i \times Time_t$ 为核心解释变量，若该变量取值为 1，则表明该城市处于 2014 年政策实施之后，且为试点城市。其前系数 α_1 衡量的是碳交易试点政策的净效应，是本书的重点考察对象。

3. 自变量与控制变量

参考陆敏等（2022）的做法，自变量与控制变量选取基于 IPAT 模型的年末户籍常住人口、人均地区生产总值作为人口和财富影响因素。此外，考虑到环保支出通常表现为用于购买和更新环保设备，提升治污降碳技术，从而更有效地减少污染物排放和降低碳排放，技术和设备的更新换代则可以显著提高减污降碳的效率和质量。因此，为避免产生遗漏变量偏误，笔者将环保支出也列入了控制变量的范畴。

4. 中介变量

由理论分析部分可知，碳排放权交易政策可能会通过改善能源消耗结构、提高绿色技术创新水平及加速产业结构高级化，促进减污降碳的协同治理水平的提升，因此本章将能源消耗结构、绿色技术创新与产业结构高级化三个变量纳入中介变量。相关变量的测度与内容说明如表5-2所示。

表5-2　各变量说明及数据来源

类型	变量	测度方法	数据来源
被解释变量	减污降碳协同治理水平（Pol_carbon）	环境污染指数与碳排放量的交乘项	《中国能源统计年鉴》《中国环境统计年鉴》
核心解释变量	（Treated×Time）	城市虚拟变量与时间虚拟变量的交乘项	国家发展改革委办公厅关于开展碳排放权交易试点工作的通知
自变量与控制变量	年末户籍常住人口（population）	各城市年末户籍常住人口数	《中国城市统计年鉴》
	人均地区生产总值（pgdp）	各城市的人均地区生产总值	《中国城市统计年鉴》
	地方财政环境保护支出（Env_expense）	各城市用于环境保护的财政支出	《中国环境统计年鉴》
中介变量	能源消耗结构（Env_structure）	各地区能源消费结构煤炭占比	《中国能源统计年鉴》
	绿色技术创新（innovation）	各城市绿色专利授权数量	国家知识产权局
	产业结构高级化（indu_upgrade）	第三产业产值与第二产业产值之比	《中国统计年鉴》

四、实证结果及分析

（一）基准模型结果分析

碳排放权交易政策对减污降碳协同治理水平的影响如表 5-3 所示。列（1）与列（2）分别为未加入控制变量与加入控制变量之后的回归结果，由二者对比可知，核心解释变量前的系数分别为 –0.271 与 –0.330，且二者均在 1% 的显著性水平下显著为负，表明碳排放权交易政策确实对试点地区的减污降碳协同治理水平有显著影响，具体表现为该政策的实施减少了环境污染物与碳排放量，提高了当地的减污降碳协同治理水平。此外，由列（2）可知 Treated × Time 的系数为 –0.330，表明与非试点城市相比，政策实施试点城市的减污降碳协同治理水平提高了 33%。从表 5-3 中还可看出，年末户籍常住人口、人均地区生产总值、地方财政环境保护支出对减污降碳协同治理水平的影响分别表现为显著为负、显著为负、显著为正。试点城市的常住人口数量之所以会促进本地的减污降碳治理水平，可能是因为随着政府政策的出台与人口数量的增加，人们整体环保意识逐渐增强，从而有助于该地区的减污降碳工作。在财富效应驱动下，随着人均生产总值的增加，地区经济实力增强，这为环保投入奠定了更坚实的物质基础。通常而言，环保支出的增加会促进减污降碳治理水平的提高，而非降低。地方财政环境保护支出的增加未能带来预期的治理效果，可能是因为环保资金未能得到科学、合理的分配和使用，或者存在浪费等现象，同时即使投入了大量的环保资金，也可能因缺乏先进的治理技术和手段，使得环保支出成为沉没成本，从而导致资源使用效率的降低。

表 5-3　碳排放权交易政策对减污降碳协同治理水平的影响

变量	Pol_carbon	
	（1）	（2）
Treated × Time	–0.271*** （0.0511）	–0.330*** （0.0489）

续表

变量	Pol_carbon	
	（1）	（2）
population		−0.000369***
		（0.0000512）
pgdp		−0.00000482***
		（0.000000560）
Env_expense		0.00122***
		（0.000234）
年份固定效应	Y	Y
省份固定效应	Y	Y
_cons	4.718***	4.950***
	（0.0120）	（0.0511）
adj.R^2	0.943	0.945

注：*** 表示 $p < 0.01$；括号内为稳健标准误。列（1）、列（2）分别为未加入控制变量与加入控制变量后的结果。

（二）稳健性检验

虽然本章的基准回归结果与预期相符，但仍可能存在遗漏变量偏误。因此，本部分将分别采用平行趋势检验、安慰剂检验、PSM-DID、更换被解释变量的方法来验证原结论的稳健性。

1.平行趋势检验

平行趋势检验的基本原理是通过对比实验组和对照组的趋势变化，推断政策干预效果的。具体而言，平行趋势检验假设在政策实施之前，实验组和对照组之间存在平行的趋势，即两组的趋势变化无显著差异。若该假设成立，则可以认为任何在政策实施之后实验组和对照组之间的差异均是由政策干预引起的。鉴于此，本章设计了如下模型来检验基准回归是否符合平行趋势假设：

$$Pol\_carbon_{it} = \mu_0 + \sum_{-3}^{-1}\mu_1 pre_{it} + \sum_{1}^{5}\mu_2 las_{it} + \vartheta Control_{it} + \gamma_i + \theta_t + \varepsilon_{it} \quad （5-12）$$

式中：pre_{it} 为政策实施之前的虚拟变量；$-1 \sim -3$ 为政策实施的前一年至前三年；pre_0 为政策实施当年，以政策实施当年为基期，比较政策实施前后实验组与对照组的减污降碳协同治理水平是否符合平行趋势假设。其余变量与前文一致。

平行趋势检验回归结果与平行趋势检验图分别如表5-4、图5-1所示。

表5-4　平行趋势检验回归结果

变量	Pol_carbon （1）
pre_3	0.105 （0.0921）
pre_2	−0.0722 （0.0897）
pre_1	−0.0433 （0.0751）
current	−0.162** （0.0792）
las_1	−0.234*** （0.0734）
las_2	−0.286*** （0.0777）
las_3	−0.0546 （0.0998）
las_4	−0.225** （0.0933）
las_5	−0.477*** （0.102）
控制变量	Y
_cons	4.092*** （0.139）
省份固定效应	Y
年份固定效应	Y
adj.R^2	0.945

注：** 表示 $p < 0.05$，*** 表示 $p < 0.01$；括号内为稳健标准误。

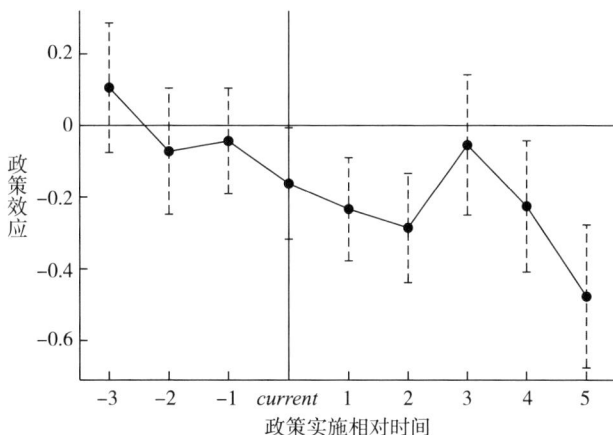

图 5-1　平行趋势检验

碳排放权交易试点政策于 2014 年初正式启动，本章将 2014 年作为政策实施当期，使用的数据时间范围为 2009—2021 年，综合数据的可得性，选择试点的前 3 期与后 5 期作为考察范围。由图 5-1 可知，在政策实施的前三年政策效应不稳定且不显著，表明在政策实施之前实验组与对照组在减污降碳协同治理水平上并无显著差异，符合平行趋势假定。而在政策实施之后政策效应大多显著为负，表明与非试点城市相比，碳排放权交易政策的实施显著降低了试点城市的污染物与碳排放量、提高了减污降碳协同治理水平。因此，原结论通过了平行趋势检验。

2. 安慰剂检验

"安慰剂"，顾名思义，没有药效，只是给予患者一种心理上的安慰。然而正因为这种安慰可能会使患者变得乐观积极，病情好转，所以安慰剂检验最初被应用于医学领域，后经过经济学家的创新，将其引入经济学领域，又因其易被理解和易于操作而在经济学领域得到了广泛应用。安慰剂检验也是稳健性检验的一种。在 DID 模型中，安慰剂检验是为了排除非政策因素对研究结果的影响，避免研究对象因提前得知政策将要实施这一信号而产生主观的变化，从而导致政策效应存在误差。在安慰剂检验中，最常见的就是个体安慰剂检验，通过绘制核密度图进行观测，一般来说，点集中在横轴零点附近，表明通过了安慰剂检验，DID 模型的政策效应变得"靠谱"。

安慰剂检验可以有效地排除其他外部冲击对基准回归结果的干扰。笔者通过对实验组和对照组有放回地随机抽取 500 次，得到的模拟回归结果如图 5-2 所示。

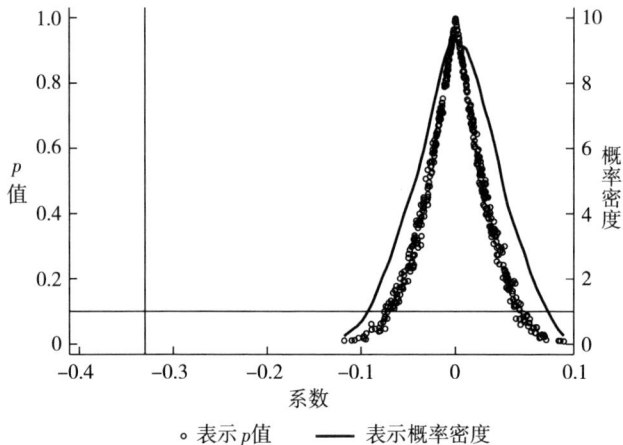

图 5-2　安慰剂检验

由图 5-2 可知，随机模拟 500 次的回归结果得到的政策效应系数集中在 0 附近，并且该系数远高于 10% 的显著性水平，表明模拟得到的政策效应系数并不显著，而实际产生的政策效应系数（竖实线）远远偏离了随机模拟 500 次得到的政策效应系数，这说明在基准回归中未受到来自外部其他冲击的干扰，原结论依然稳健。

3. PSM-DID

倾向得分匹配法（Propensity Score Matching，PSM）是一种在经济学和其他社会科学中广泛使用的统计方法，主要用于处理自选择偏误和观察数据中的潜在偏差。其基本原理是通过计算一个倾向得分，将处理组与控制组进行匹配以消除非处理因素或干扰因素的影响，从而更准确地估计处理效应。PSM 的作用在于通过建立一个"倾向得分"模型，将实验组和对照组的个体进行匹配，使两组在观测变量上具有相似的特征。该模型可有效解决实验组和对照组之间存在的可观测和不可观测的混杂因素，提供更准确的政策或干预效果评估。因此，本节在平行趋势检验模型的基础上，利用PSM-DID的方法逐年匹配实验组与对照组，最终将所得PSM-DID回归结果绘制成图5-3。构建模型如下：

$$Pol\_carbon_{it}^{PSM} = \mu_0 + \sum_{-3}^{-1} \mu_1 pre_{it} + \sum_{1}^{5} \mu_2 las_{it} + \theta Control_{it} + \gamma_i + \theta_t + \varepsilon_{it} \quad （5-13）$$

由图5-3可知，在倾向得分匹配方法下，政策实施的前几年系数依然不显著，政策实施后几年的系数显著为负，再次表明碳排放权交易政策显著提高了试点地区的减污降碳协同治理水平，原结论依然稳健。

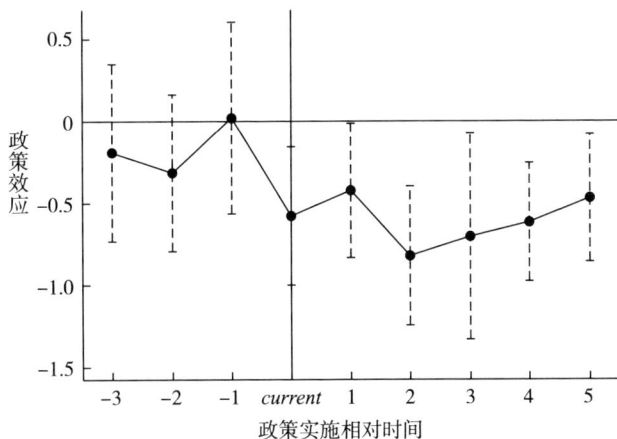

图5-3 PSM-DID检验

4.更换被解释变量

为进一步检验原结论的稳健性，借鉴赵晓梦等（2024）的做法，本节重新构建了被解释变量的衡量指标，并定义为 COFA，该指标为各城市 SO_2 排放量与 CO_2 排放量的交乘项。更换被解释变量后的回归结果如表5-5所示。

由表5-5可知，在更换了被解释变量后，政策效应系数为 -0.332 且在1%

的水平上依然显著为负，且与基准回归的 –0.330 相差不大，再次表明碳排放权交易政策着实有效地提高了试点地区的减污降碳协同治理水平。

表 5–5　更换被解释变量后的回归结果

变量	COFA
	（1）
$Treated \times Time$	-0.332^{***} （0.0376）
控制变量	Y
$\_cons$	4.047^{***} （0.128）
省份固定效应	Y
年份固定效应	Y
adj.R^2	0.964

注：*** 表示 $p < 0.01$；括号内为稳健标准误。

（三）异质性分析

由于本章的研究对象为实施碳排放权交易政策的试点城市，而各个城市的地理位置及城市属性存在差异，这些均可能导致政策实施效果的差异化。下面将从城市所处的地理位置及其行政权力两个方面进行异质性分析。

1. 地理位置异质性

本部分将地理学界中的胡焕庸线作为东西部城市的划分依据，将位于胡焕庸线以东的地区赋为东部、以西的地区赋为西部，其余城市赋为中部。分组回归结果见表 5–6。

由表 5–6 可知，相较于在东部和中部地区的非试点城市，政策对试点城市产生的减污降碳协同效应更强；相较于非试点城市，位于东、中部地区的试点城市减污降碳协同治理水平分别提高了 18%、47%。可见对位于中部地区的试点城市影响最大，而西部地区不显著，这可能是因为西部地区的经济发展水平和产业结构相对较为落后，一些高耗能、高排放的产业比重较大，以及碳排放权交易市场体系尚不成熟。

表 5-6　地理位置异质性回归结果

变量	Pol_carbon		
	东部	中部	西部
Treated × Time	-0.186^{**} （0.0900）	-0.475^{***} （0.0537）	0.0116 （0.186）
控制变量	Y	Y	Y
_cons	9.822^{***} （0.342）	4.122^{***} （0.217）	0.812^{***} （0.261）
省份固定效应	Y	Y	Y
年份固定效应	Y	Y	Y
adj.R^2	0.945	0.931	0.947

注：** 表示 $p < 0.05$，*** 表示 $p < 0.01$；括号内为稳健标准误。

2. 行政权力异质性

本部分依据城市的行政级别（"直辖""副省级""地级"），针对研究样本进行分组回归，以考察原结论在具有不同行政级别的城市上体现出的异质性，回归结果如表 5-7 所示。

由表 5-7 可知，碳排放权交易政策对于副省级城市而言实施效果最强，其次是地级市，相较于非试点城市，副省级的试点城市和地级的试点城市的减污降碳协同治理水平分别提高了 71.1% 和 33.5%，而对于直辖试点城市不显著，其原因可能是直辖市的经济活动更为活跃，碳排放来源也更加多样化，因此在制定和执行碳排放权交易政策时，需要更加细致和全面地考虑。直辖市的碳排放权交易市场存在一定的饱和现象。在成熟的市场中，企业对于碳排放权的需求和供应可能更加稳定，可能导致政策对市场的刺激作用相对有限。

表 5-7　行政权力异质性回归结果

变量	Pol_carbon		
	直辖	副省级	地级
$Treated \times Time$	−0.179 （0.0786）	−0.711^{***} （0.239）	−0.335^{***} （0.0488）
控制变量	Y	Y	Y
_cons	1.858^{***} （0.253）	7.007^{***} （0.833）	3.883^{***} （0.146）
省份固定效应	Y	Y	Y
年份固定效应	Y	Y	Y
adj.R^2	0.197	0.945	0.947

注：*** 表示 $p < 0.01$；括号内为稳健标准误差。

五、机制分析

在碳减排与污染物减排的研究中，部分学者发现由于节能技术研发投资的增加和清洁能源使用的扩大，能源结构在减少 CO_2 排放方面具有很大的潜力（Xu et al.，2016；Liu et al.，2021；Wu，2022）。经济增长和产业结构对中国的污染物排放也存在影响，并且产业结构在 NO_x 减排过程中的作用远大于经济增长（Yu and Liu，2020；乔森、郭子欣，2022；王功贺，2022）。加强技术创新、研发与应用在推进减污降碳协同增效中也发挥着重要的机制作用（张倩华等，2024；黄巧龙，2023）。综合以往文献的描述，笔者分别从能源消耗结构、绿色技术创新与产业结构升级三个角度检验其在碳排放权交易政策影响减污降碳协同效应中所起的中介作用。

（一）配置效应

借鉴江艇（2022）对中介效应检验的方法，在中介变量对被解释变量的影响已得到社会公认的前提下，采取"两步法"进行中介效应检验。第一步，验证解释变量对被解释变量的关系；第二步，验证解释变量对中介变量的关系。因此，建立以下模型：

$$Ene\_structure_{it} = \rho_0 + \rho_1 Treated \times Time + \rho_3 Control_{it} + \gamma_i + \theta_t + \varepsilon_{it} \qquad （5-14）$$

式中：$Ene\_structure$ 为能源消耗结构；$Treated \times Time$ 为核心解释变量；其余变量与上文相同。

由表 5-8 可知，无论是否加入控制变量，碳排放权交易政策均能够显著地改善能源消耗结构，使化石能源的消耗在总消耗中所占比重下降，且相较于非试点城市，政策实施后试点城市的能源消耗结构较政策实施前改善了 12%。由此，本章的第二个假设得证，即碳排放权交易政策通过配置效应提高了试点地区的减污降碳协同治理水平。

（二）技术效应

在该机制下旨在验证绿色技术创新在碳排放权交易政策影响减污降碳协同治理水平中起到的渠道作用。因此，构建以下模型：

$$innovation_{it} = \tau_0 + \tau_1 Treated_i \times Time_t + \tau_2 Control_{it} + \gamma_i + \theta_t + \varepsilon_{it} \qquad （5-15）$$

式中：$innovation$ 为绿色技术创新；$Treated \times Time$ 为核心解释变量；其余变量与上文相同。

由表 5-8 可知，加入控制变量前后，碳排放权交易政策均显著促进了试点地区的绿色技术创新，且相较于非试点城市，政策实施后的试点城市较政策实施前的技术创新水平提高了 6.65%。由此，本章的第三个假设成立。

（三）结构效应

在该机制下旨在验证产业结构升级在碳排放权交易政策影响减污降碳协同治理水平中起到的渠道作用。因此，构建以下模型：

$$indu\_upgrade_{it} = \varphi_0 + \varphi_1 Treated_i \times Time_t + \varphi_2 Control_{it} + \gamma_i + \theta_t + \varepsilon_{it} \qquad （5-16）$$

式中：*indu_upgrade* 为产业结构升级；*Treated × Time* 为核心解释变量；其余变量与上文相同。

由表 5-8 可知，加入控制变量前后，碳排放权交易政策均显著促进了试点地区的产业结构升级，且相较于非试点城市，政策实施后的试点城市较政策实施前的产业结构高级化水平提高了 7.7%。由此，本章的第四个假设成立。

表 5-8　机制检验结果

变量	配置效应		技术效应		结构效应	
	Ene_structure		*innovation*		*indu_upgrade*	
	（1）	（2）	（1）	（2）	（1）	（2）
Treated × Time	−0.0723*** （0.0132）	−0.120*** （0.0148）	0.0890*** （0.0168）	0.0665** （0.0311）	0.106*** （0.0275）	0.0770*** （0.0203）
省份固定效应	Y	Y	Y	Y	Y	Y
年份固定效应	Y	Y	Y	Y	Y	Y
控制变量	N	Y	N	Y	N	Y
_cons	1.240*** （0.00145）	1.153*** （0.00933）	0.0359*** （0.00162）	−0.146*** （0.0261）	0.107*** （0.00264）	−0.203*** （0.0183）
adj.R^2	0.978	0.979	0.471	0.677	0.573	0.792

注：** 表示 $p < 0.05$，*** 表示 $p < 0.01$；括号内为稳健标准误。

第二节　减污降碳协同治理潜力分析

一、方法选取与指标测度

基于中国"碳污同源"的能源结构特征及减污降碳工作的整体性，本节将参考陆敏等（2022）的做法，依据灰色关联分析考察不同试点地区的碳污协同减排潜力，以期为中国现阶段的减污降碳协同治理工作提供参考。

灰色关联分析是指对于两个系统之间的因素，其随时间或不同对象而变化的关联性大小的量度，即关联度。在系统发展过程中，若两个因素变化的趋势具有一致性，则同步变化程度较高，即可谓二者关联程度较高；反之，则较低。因此，灰色关联分析方法，是根据因素之间发展趋势的相似或相异程度，也即"灰色关联度"，作为衡量因素间关联程度的一种方法，主要用于分析系统中各因素之间的发展趋势和关联程度。鉴于此，本部分将碳排放量作为母序列，工业废水、SO_2 和烟尘排放记为子序列，以此计算碳排放量与各污染物之间的关联度，从而判断地区的减污降碳协同治理潜能。步骤如下。

第一，将母序列与子序列分别定义为

$$Y = y(k), \quad (k = 1, 2, \cdots, n) \tag{5-17}$$

$$X_i = x_i(k), \quad (k = 1, 2, \cdots, n) \tag{5-18}$$

第二，归一化：

$$x_i(k) = \frac{x_i(k)}{\bar{x}_i}, \quad (k = 1, 2, \cdots, n; \ i = 1, 2, \cdots, m) \tag{5-19}$$

第三，计算关联系数：

$$w_i(k) = \frac{\min_i \min_k \Delta_i(k) + \rho \max_i \max_k \Delta_i(k)}{\Delta_i(k) + \rho \max_i \max_k \Delta_i(k)} \tag{5-20}$$

$$\Delta_i(k) = \left| y(k) - x_i(k) \right| \tag{5-21}$$

$$r_i = \frac{1}{n} \sum_{k=1}^{n} \omega_i(k) \tag{5-22}$$

式中：x_i 为第 i 列的数；k 为第 i 列中第 k 个数；ρ 为分辨系数，一般取 0.5。

二、减污降碳协同减排潜力分析

根据关联度值 r_i 的大小判断 CO_2 排放与各环境污染物的碳污协同减排潜力，若 CO_2 排放与各环境污染物的关联度值越大，则表明同一污染源下"碳污同源"的特征更明显，进一步表明碳排放与该环境污染物协同减排的潜力越大。由表 5-9 可知，CO_2 排放量与各环境污染物当中的工业废水关联度值较大，相关性较强，最高为 0.887，与其他污染物的关联度大多在 0.5 以上，表明各地区碳排放与工业废水的协同减排潜能最大，其次是烟尘，最后是 SO_2。此外，减污降碳潜能排名前五的城市分别是北京、武汉、江门、肇庆、惠州，应重点关注。

表 5-9　中国试点城市碳排放与污染物关联度

地区	r_1	r_2	r_3	$\bar{r}$
北京	0.802	0.621	0.668	0.697
天津	0.666	0.607	0.579	0.617
上海	0.816	0.558	0.625	0.666
武汉	0.887	0.839	0.803	0.843
黄石	0.555	0.552	0.650	0.585
十堰	0.557	0.527	0.463	0.516
宜昌	0.637	0.467	0.612	0.572
襄阳	0.558	0.488	0.648	0.565
鄂州	0.583	0.627	0.622	0.611
荆门	0.497	0.534	0.579	0.536
孝感	0.705	0.582	0.583	0.623
荆州	0.665	0.594	0.693	0.651
黄冈	0.514	0.550	0.557	0.540
咸宁	0.536	0.543	0.523	0.534
随州	0.588	0.529	0.523	0.546
广州	0.617	0.516	0.589	0.574
韶关	0.682	0.686	0.634	0.667
深圳	0.721	0.462	0.704	0.629
珠海	0.654	0.530	0.665	0.616
汕头	0.830	0.632	0.583	0.682

续表

地区	r_1	r_2	r_3	$\bar{r}$
佛山	0.589	0.540	0.641	0.590
江门	0.747	0.650	0.667	0.688
湛江	0.755	0.504	0.703	0.654
茂名	0.530	0.479	0.461	0.490
肇庆	0.665	0.647	0.771	0.694
惠州	0.815	0.646	0.649	0.703
梅州	0.714	0.506	0.668	0.630
汕尾	0.633	0.700	0.694	0.676
河源	0.516	0.518	0.592	0.542
阳江	0.607	0.667	0.590	0.622
清远	0.841	0.483	0.638	0.654
东莞	0.626	0.652	0.707	0.662
中山	0.551	0.524	0.607	0.561
潮州	0.543	0.624	0.491	0.553
揭阳	0.665	0.579	0.701	0.648
云浮	0.541	0.505	0.669	0.572
重庆	0.480	0.544	0.638	0.554

注：r_1、r_2、r_3 分别为碳排放量与工业废水、SO_2 与烟尘的关联度。

第三节　本章小结

本章运用双重差分模型探讨了碳排放权交易机制对试点地区减污降碳协同治理水平的影响及其异质性，在进一步分析中还剖析了碳排放权交易对减污降碳协同效应的影响机制，并结合灰色关联分析法衡量了不同试点地区的碳污协同减排潜力，旨在为中国推进碳排放权交易机制的逐步完善及减污降碳协同治理工作提供理论参考与实证经验。

在理论上，通过搭建碳排放权交易机制的减污降碳协同理论分析框架，将碳排放权交易机制与减污降碳协同联系起来，探究碳交易与减污降碳协同效应的内在逻辑、作用机制与发展规律，进而扩展碳排放权交易市场机制在产业与案例上的研究范围。

在实践上，通过构建严谨的理论模型和翔实的样本数据，实证检验了碳排放权交易机制及其减污降碳协同效应，基于不同视角（三大效应）和政策目标（生态保护、能源低碳转型、以降碳为重点），探寻了碳排放权交易市场机制的减污降碳协同增效实现路径。

本章得出以下结论：首先，碳排放权交易政策显著提高了试点地区的减污降碳协同治理水平。具体而言，碳排放权交易市场机制会通过改善能源消费结构（配置效应）、提升绿色技术创新水平（技术效应）、促进产业结构优化（结构效应）来实现试点地区减污降碳协同治理水平的提高。其次，相较于西部地区，东中部地区的政策效力更强，其中副省级城市、地级市的政策效应更明显。西部地区的经济基础较为薄弱，加之碳排放权交易市场机制亟待完善，因此与东部、中部地区相比，西部地区的减污降碳协同治理水平欠佳。最后，在碳排放权交易试点地区中，北京、武汉、江门、肇庆、惠州五个城市的减污降碳潜力较大。通过进行灰色关联分析，发现以上五个地区的 CO_2 排放与环境污染物排放整体关联度较高、关联系数较大，碳污协同减排潜力较大。

第六章 区域间碳转移路径及减污降碳协同机制研究

在区域贸易与产业布局的深刻变迁下，产品的生产地与消费地呈现显著的地域分离，这一现象直接引发了区域间碳排放的迁移现象。碳排放转移机制在应对全球气候变化、促进经济可持续发展、优化资源配置、提高环境效率、促进科技创新和产业升级及提升国际地位和影响力等方面都具有重要意义。在"双碳"背景下，碳排放权交易机制的完善进一步促进了中国省际贸易中的碳排放转移，研究碳排放转移对环境质量达标、全面绿色转型、经济高质量发展等方面的影响效应是实现中国碳达峰目标的重要内容。为此，本章在第四章及第五章的基础上构建多区域投入产出模型（MRIO）测算部分省份的碳排放量和碳转移量，采用熵权–TOPSIS 法测算环境污染指数，运用灰色关联分析（GRA）模型分别预测减污降碳和扩绿增长的协同潜力，构建时空地理加权回归（GTWR）模型分析碳转移的四重红利效应，从而为美丽中国建设，推进降碳、减污、扩绿、增长协同增效，提供理论参考和决策依据。

第一节　差异化视角下的碳转移理论基础研究

中国在经济保持持续快速增长的同时面临严峻的生态环境问题，省域间产生的复杂的碳转移现象使中国在达成碳减排目标与保持经济不断增长间的矛盾加重，特别是发达省份淘汰落后产能，而欠发达省份在接受产业转移的过程中，省际贸易中的碳排放转移规模不断扩大。因此，为了兼顾经济增长与碳排放的压力，有必要探究缓解区域策略性碳转移的制度设计，实现各省份之间的协同减排。

2024年3月，《政府工作报告》提出了统筹产业结构调整、污染治理、生态保护、应对气候变化，协同推进降碳、减污、扩绿、增长，以高品质生态环境支撑高质量发展，加快形成以实现人与自然和谐共生的现代化为导向的美丽中国建设新格局。在"双碳"目标引领下，降碳、减污、扩绿、增长共同构成了建设美丽中国的重要路径。然而，由于区域间贸易及产业转移，产品的生产与消费的地区不同，导致区域间产生碳转移（Steen-Olsen et al., 2012）。当前，中国经济社会发展已进入加快绿色化、低碳化的高质量发展阶段，生态文明建设仍处于压力叠加、负重前行的关键期，生态环境保护结构性、根源性、趋势性压力尚未得到根本缓解，经济社会发展及绿色转型内生动力不足，生态环境质量稳中向好的基础还不牢固，美丽中国建设任务依然艰巨（薄凡等，2017）。然而，环境污染物与 CO_2 排放具有同源性，且在时空分布上表现出一致性，即"碳污同源"，并且从碳达峰过渡到碳中和的过程就是绿色发展和经济增长与碳排放从相对脱钩走向绝对脱钩的过程，这使实现降碳、减污、扩绿和增长协同增效具有可行性。在此背景下，基于省际碳转移视角，分析碳转移发挥减污降碳对生态环境质量改善的引领作用，并有效利用生态环境和碳排放权交易制度推动绿色高质量发展，对促进四重红利效应并实现"双碳"目标具有显著的现实意义。

　　学界当前对碳转移的研究重心聚焦特定行业的碳排放核算、省域研究、责任界定及其驱动因素等关键领域，以上研究共同构成了对碳转移问题深入探索的基础框架。从特定行业角度测度碳转移数量和空间转移方向，有电力行业、水泥建材行业、建筑行业、交通运输业及农业（柳君波等，2022；Liu et al.，2015；王志强等，2024；杨青等，2024；于卓卉、毛世平，2022）等。Shan 等（2018）将中国 47 个部门的 17 种化石燃料排放清单统一格式，为中国进一步测算省际碳转移量和制定减排政策提供了数据支持。从省域碳转移研究来看，借鉴核算国际贸易中隐含碳排放的研究思路，采用多区域投入产出分析方法对中国省际的碳转移问题展开了有益研究（张增凯等，2011；胡雅蓓，2019；吕洁华、张泽野，2020；王宪恩等，2021）。学者普遍意识到在控制减排幅度、预留新增配额的同时，省际贸易中存在"搭便车"权责问题和碳不公平现象，于是从责任界定视角出发，进行碳转移对碳配额分配的研究。在考虑历史碳转移量和兼顾公平与效率的基础上，学者认为需明确控排责任（CUCCHIELLA et al.，2018；Zhou and Wang，2016）。具体而言，企业可根据能耗结构和排放程度承担"共同而有区别"的责任（吴凤平、韩宇飞，2023）。除此之外，还有学者对于碳排放、碳转移的驱动因素做了相关的研究，证实了碳排放转移与经济增长、城市化进程之间存在明显的倒"U"形环境库兹涅茨曲线（李国志、李宗植，2010；Shahbaz，2016）。此外，环境规制与净碳流出呈负相关，而产业结构、能源强度、外资规模和城市化均对碳转移有贡献，促使省际碳排放转移呈现差异化转移趋势。

　　党的二十大明确提出"协同推进降碳、减污、扩绿、增长"，标志着中国生态环境治理进入多目标建设新阶段，而当前影响效应研究主要涉及单一研究视角、协同效应与路径探究三个方面。学界主要从政策评估和企业微观两个角度进行研究。从政策评估角度来看，涉及碳排放权交易和环境制度（Chen X 等，2019）、环境保护税（刘亦文、邓楠，2023）、市场机制与行政干预（吴茵茵等，2021）等方面的研究。从企业微观角度来看，环境保护税和碳交易政策的实施不仅可以刺激企业加大研发投入力度，还可以有效运用资源禀赋优势、显著提高绿色技术创新水平、提升能源利用效率、优化产业结构水平、减弱碳排放强度，更可以显著产生降碳、减污、扩绿、增长的四重红利效应。首先，碳达峰目标在实现过程中，显著促进了减污与降碳的双重效益，展现出强大的协同效应与增效作用（王慧等，2022）。其次，碳价格处于失灵状态，单纯依赖市场调节手段仅能发挥部分作用。为有效增强减排效果，亟须将行政调控与市场机制有机结合，协同推动减排目标的实现（赵帅、何爱平，2023）。最后，在不完全竞争的市场结构下，具有市场势力的厂商在参与排放权交易机制时，会通过策略性排他行为，影响市场竞争者乃至整个行业的利润，进而对行业减排技术的研究、采用与扩散模式造成一定的影响。同时，厂商可以通过更新减排技术获得更多的市场收益，并通过扩大市场份额来增强市场势力，从而在市场竞争中获得更多超额利润。因此，政策制定者需要倡导厂商开展技术创新以培育本土厂商在国际市场中的市场势力，进而提升其市场竞争力。由减排技术更新带来的市场势力而获得的额外收益可能会吸引更多的厂商加快技术的创新。

综上所述，当前关于碳转移研究，一方面，聚焦产业转移、能源结构、发展趋势等单一内容，缺乏碳转移的多方位作用机制梳理和系统性分析框架建构。受限于投入产出表的时效性和数据获取难度，当前多数研究倾向采用2015年或更早年份的单一数据点进行核算分析，导致对近年来国内贸易中碳转移最新趋势和特征的捕捉存在滞后性。另一方面，多数研究仅从碳排放权交易政策的研究视域评估碳转移效果，鲜见从省际碳转移视角分析其产生的红利效应。因此，本章将从以下三个方面对现有研究进行扩展：第一，基于中国30个省份（不包含西藏和港澳台地区的数据，下同）30个部门的投入产出表，构建省际碳转移模型对中国省际碳排放转移数量和方向进行测算和讨论。第二，基于灰色关联模型探究碳排放与环境污染物、城市绿地面积建设和绿色全要素生产率的协同效应潜力，引入碳强度与环境污染指数的交乘项作为减污降碳协同"双减效应"的代理变量、城市绿地面积与绿色全要素生产率的交乘项作为扩绿增长协同"双增效应"的代理变量，弥补了单一指标不能充分反映碳转移效应内涵的缺陷，实现了多重效应研究的全面性和系统性。第三，构建时空地理加权回归模型（GTWR）研究碳转移的影响效应，解决了传统回归模型难以捕捉时空数据非平稳性的问题，更精细地刻画数据的时空异质性，其预测精度通常优于传统的全局回归模型（OLS）和仅考虑空间因素的地理加权回归模型（GWR）。

第二节　碳转移量化评估及其减污降碳协同效应研究

一、碳转移测算

（一）碳排放量测算

《省级温室气体清单编制指南》明确了省级能源活动 CO_2 排放量的计算路径，遵循 IPCC 部门方法。参考董碧滢和徐盈之（2022）的做法，本章对原始投入产出表中的 42 个部门进行了归类与合并处理，进而将调整后的部门划分与通过能源消耗数据和排放因子计算得出的部门碳排放数据相匹配。最终构建了覆盖 30 个省份、涉及 30 个部门的多区域投入产出表，部门划分如表 6-1 所示。r 省份 i 部门碳排放量计算公式为

$$CE_i^r = \sum_{k=1}^{N} E_{ik} \times NCV_k \times CC_k \times O_k \times \frac{44}{12} \tag{6-1}$$

式中：CE_i^r 为 r 省份 i 部门的碳排放量；E_{ik} 为 i 部门消耗第 k 种能源的实际量；NCV_k 为第 k 种能源的平均单位发热量；CC_k 为第 k 种能源的单位热值含碳量；O_k 为第 k 种能源碳氧化率；N 为原煤、洗精煤、其他洗煤等 17 种能源种类。

表 6-1　部门划分

序号	部门	序号	部门
1	农林牧渔产品和服务	16	通用设备
2	煤炭采选产品	17	专用设备
3	石油和天然气开采产品	18	交通运输设备
4	金属矿采选产品	19	电气机械和器材
5	非金属矿和其他矿采选产品	20	通信设备、计算机和其他电子设备
6	食品和烟草	21	仪器仪表
7	纺织品	22	其他制造产品
8	纺织服装鞋帽皮革羽绒及其制品	23	废品废料
9	木材加工品和家具	24	电力、热力的生产和供应
10	造纸印刷和文教体育用品	25	燃气生产和供应
11	石油、炼焦产品和核燃料加工品	26	水的生产和供应
12	化学产品	27	建筑
13	非金属矿物制品	28	批发和零售
14	金属冶炼和压延加工品	29	交通运输、仓储和邮政
15	金属制品	30	其他

（二）多区域投入产出模型

多区域投入产出表是在单区域投入产出表的基础上发展而来的，同时它弥补了单区域投入产出模型关于"国内技术假定"理论不足的缺陷，可用来反映中间产品各地区和产业的投入与使用情况，以及最终消费情况。

多区域投入产出模型是建立在多区域投入产出表基础之上的，根据区域间投入产出数据将商品和服务的流入、流出内生化，并按照相同的部门分类整合而成。该模型（MRIO）是由 Isard 于 1951 年提出的，其后来的研究中为了同时研究不同地域之间、不同部门的投入产出依赖情况和同一地域内部、各个部门之间的投入产出依赖情况，利用了控制系数法将多个简单的投入产出模型相组合。近年来，MRIO 模型逐渐成为碳转移研究的主要分析工具（Su 等，2014）。参考王安静等（2017）、王育宝和何宇鹏（2020）、Wang 等（2021）的做法，笔者采用多区域投入产出模型（MRIO）对 2012 年、2015 年和 2017 年中国省际碳转移进行测算。

假设有 m 个省份，每个省份包含 n 个部门。多区域投入产出模型为

$$x_i^r = \sum_s \sum_j x_{ij}^{rs} + \sum_s Y_i^{rs} \qquad (6-2)$$

式中：x_i^r 为 r 省份 i 部门的总产出；x_{ij}^{rs} 为 r 省份 i 部门对 s 省份 j 部门的中间产品；Y_i^{rs} 为 r 省份 i 部门的产品提供给 s 省份的最终产品。

直接消耗系数又称直接消耗定额或投入系数，其经济含义：j 部门每单位产出要消耗 i 部门产品或劳务的数量，各部门直接消费系数表示为

$$a_{ij}^{rs} = x_{ij}^{rs} / x_j^s \qquad (6-3)$$

r 省份与 s 省份之间的直接消耗系数矩阵表示为

$$A^{rs} = \left(a_{ij}^{rs} \right) \qquad (6-4)$$

因此，上式以矩阵形式表示为

$$X = AX + Y \qquad (6-5)$$

$$X = \begin{bmatrix} X_1 \\ X_2 \\ \vdots \\ X_m \end{bmatrix}, \quad Y = \begin{bmatrix} Y_1 \\ Y_2 \\ \vdots \\ Y_m \end{bmatrix}, \quad A = \begin{bmatrix} A^{11} & A^{12} & \cdots & A^{1m} \\ A^{21} & A^{22} & \cdots & A^{2m} \\ \vdots & \vdots & \ddots & \vdots \\ A^{m1} & A^{m2} & \cdots & A^{mm} \end{bmatrix} \qquad (6-6)$$

式中：$X = (X_i^s)$ 为总输出矩阵；$Y = (Y_i^s)$ 为最终需求矩阵。由式（6-6）可以看出

$$X = (I - A)^{-1} Y \qquad (6-7)$$

式中：I 为单位矩阵，$(I - A)^{-1}$ 为 Leontief（列昂惕夫）逆矩阵，同时在式（6-7）中为最终需求系数。碳转移可以表示为

$$CT = C(I-A)^{-1}Y \qquad (6\text{--}8)$$

$$C = \begin{bmatrix} C^1 & 0 & \cdots & 0 \\ 0 & C^2 & \cdots & 0 \\ \vdots & \vdots & \ddots & \vdots \\ 0 & 0 & \cdots & C^m \end{bmatrix}, \quad C^r = \begin{bmatrix} c_1^r & 0 & \cdots & 0 \\ 0 & c_2^r & \cdots & 0 \\ \vdots & \vdots & \ddots & \vdots \\ 0 & 0 & \cdots & c_n^r \end{bmatrix} \qquad (6\text{--}9)$$

$$c_i^r = CE_i^r / X_i^r \qquad (6\text{--}10)$$

式中：c_i^r 为 r 省份 i 部门的碳排放系数；CE_i^r 为 r 省份 i 部门的碳排放量。

其他地区转入 r 省份的碳转入量可表示为

$$IF^r = \sum_{s,\, s \neq r} CT^{sr} \qquad (6\text{--}11)$$

同时，r 省份转入其他地区的碳转出量可表示为

$$OF^r = \sum_{s,\, s \neq r} CT^{rs} \qquad (6\text{--}12)$$

因此，r 省份净碳转移量表示为

$$NF^r = OF^r - IF^r \qquad (6\text{--}13)$$

通过以上模型测算，得出中国 30 个省份的碳转移数据，如表 6-2 所示。

表 6-2　中国 30 个省份的碳转入量、碳转出量和净碳转移量　　　　单位：Mt

省份	碳转入量（IF）			碳转出量（OF）			净碳转移量（NF）		
	2012 年	2015 年	2017 年	2012 年	2015 年	2017 年	2012 年	2015 年	2017 年
北京	61.666	57.450	60.099	216.611	175.691	176.719	154.945	118.241	116.621
天津	63.788	69.138	74.947	177.902	179.539	48.077	114.113	110.401	−26.870
河北	356.516	368.285	338.071	170.655	157.460	199.413	−185.861	−210.825	−138.658
山西	273.297	276.809	289.103	79.665	89.923	72.263	−193.631	−186.886	−216.840
内蒙古	333.860	389.344	428.219	158.399	124.088	80.952	−175.461	−265.256	−347.267
辽宁	213.546	218.393	280.278	150.533	136.146	97.922	−63.013	−82.246	−182.356
吉林	93.076	101.027	126.320	134.469	146.045	118.448	41.393	45.018	−7.872
黑龙江	109.272	148.790	182.997	150.000	135.208	147.376	40.728	−13.582	−35.620

续表

省份	碳转入量（IF）			碳转出量（OF）			净碳转移量（NF）		
	2012 年	2015 年	2017 年	2012 年	2015 年	2017 年	2012 年	2015 年	2017 年
上海	86.595	106.272	139.790	232.192	132.362	122.251	145.597	26.090	-17.539
江苏	254.040	326.752	255.031	239.776	269.850	277.341	-14.264	-56.902	22.310
浙江	162.165	156.710	176.548	194.972	322.575	373.820	32.806	165.865	197.272
安徽	186.322	206.773	197.080	122.379	188.593	129.492	-63.943	-18.180	-67.588
福建	43.100	79.662	106.376	73.365	57.043	45.302	30.265	-22.619	-61.074
江西	75.150	96.366	102.646	74.127	111.065	135.588	-1.024	14.699	32.942
山东	235.164	227.041	262.972	142.290	143.754	166.411	-92.874	-83.287	-96.562
河南	265.761	270.903	241.591	229.704	302.795	437.535	-36.056	31.892	195.944
湖北	90.354	106.755	56.796	110.161	198.178	105.179	19.807	91.423	48.383
湖南	118.924	119.767	93.165	129.299	169.048	219.204	10.375	49.281	126.039
广东	79.540	121.932	158.916	381.277	291.606	469.184	301.737	169.674	310.268
广西	65.864	76.509	109.704	110.137	119.307	112.938	44.272	42.798	3.234
海南	22.862	25.031	35.056	39.625	44.311	27.554	16.763	19.280	-7.502
重庆	96.628	68.576	97.024	112.160	247.242	189.735	15.532	178.666	92.711
四川	102.716	104.190	87.969	64.208	92.804	111.742	-38.508	-11.386	23.773
贵州	108.787	118.865	136.261	52.913	69.032	112.497	-55.874	-49.833	-23.764
云南	81.736	60.676	42.605	118.666	173.296	200.138	36.930	112.620	157.532
陕西	123.275	150.662	183.800	141.508	152.996	207.637	18.232	2.334	23.837
甘肃	76.531	81.516	81.543	42.417	51.924	45.582	-34.114	-29.592	-35.960
青海	12.128	27.123	9.696	12.483	21.119	19.005	0.356	-6.004	9.309
宁夏	80.694	86.851	94.374	15.406	19.453	52.842	-65.288	-67.399	-41.532
新疆	92.260	184.131	187.863	88.320	109.846	134.693	-3.940	-74.286	-53.170

从表 6-2 可以看出，在 2012 年、2015 年和 2017 年，净碳转移量均为正的省份有 9 个，表现为净碳转出省份，包括北京、浙江、湖北、湖南、重庆、广

东、广西、陕西和云南。其中，广东和湖南的净碳转出量较高，在2017年分别为310.268 Mt和126.039 Mt。净碳转移量均为负的省份有10个，表现为净碳转入省份，包括河北、山西、山东、内蒙古、辽宁、安徽、贵州、甘肃、宁夏和新疆。其中，山西和内蒙古的净碳转入量较高，在2017年分别为216.840 Mt和347.267 Mt。净碳转移量由正变负的省份有6个，表现为从净碳转出省份转型为净碳转入省份，包括黑龙江、吉林、天津、上海、福建和海南。净碳转移量由负变为正的省份有5个，表现为从净碳转入省份转型为净碳转出省份，包括江苏、江西、河南、四川和青海。

从省际碳转移的角度来看，在净碳转入量较高的省份中，山西、内蒙古、辽宁和河北是中国主要的能源消耗省份。这一现象的形成，与近年来经济发达省份产业结构调整与升级密切相关。随着东部沿海及一些经济发达区域对环境保护和可持续发展的重视日益增强，部分高能耗、高排放的工业项目，如化工、光伏制造、医药生产等，逐渐寻求向中西部能源资源丰富、环境容量较大的地区转移。这一趋势直接导致山西、内蒙古等省份的碳排放量显著增加，成为全国碳转移的重要"接收地"。具体而言，山西作为煤炭大省，丰富的煤炭资源为能源密集型产业奠定了坚实的基础，但同时也承受了巨大的环境压力。随着全国能源消费结构的逐步优化和清洁能源的大力推广，山西等传统能源基地面临转型升级的迫切需求。然而，在转型过程中，由于历史原因和产业结构惯性，山西等省份仍难以完全摆脱对煤炭等化石能源的依赖，使碳排放量居高不下。内蒙古则凭借其广袤的土地和丰富的矿产资源，吸引了大量能源密集型产业的入驻。这些产业的快速发展，虽然带动了当地经济的增长，但也带来了严重的环境污染和碳排放问题。内蒙古的碳转入量持续增长，反映了其在全国碳转移格局中的重要地位。

相比之下，浙江、广东和湖南等省份则呈现较高的净碳转出特征。这些省份虽然能源资源相对匮乏，但凭借良好的制造业基础和创新能力，成功实现了经济转型升级和产业结构的优化调整。通过技术创新和产业升级，这些省份逐步淘汰了高能耗、高排放的落后产能，转而发展绿色低碳的新兴产业。同时，它们还积极参与国内外碳交易市场，通过碳排放权的买卖来实现碳转出的增加，从而有效减弱自身的碳排放强度。

值得注意的是，江苏、天津、上海等发达地区在碳转移过程中表现出一定的不稳定性。这些省份经济规模大、市场需求旺盛，但受限于自身生产条件，往往需要依靠外部转移来吸引外来企业。这在一定程度上增加了它们的碳转入量。然而，在碳达峰目标的约束下，这些省份也积极采取措施推动碳减排和碳交易市场的建设。通过碳排放交易机制公开买卖碳排放权，它们不仅实现了碳转出的增加，还促进了碳资源的优化配置和高效利用。

二、环境污染指数测度

熵权–TOPSIS法是一种综合评估技术，其核心在于融合熵权法与信息决策分析中的TOPSIS法。该方法首先通过熵权法科学分配各评价指标的权重，这一过程基于信息熵的概念，有效衡量了数据中的不确定性，从而确保了权重的客观性和准确性。随后，利用TOPSIS法的原理，通过计算各评价对象与最优解（正理想解）及最劣解（负理想解）之间的欧式距离，实现综合评价排序。

鉴于固体废弃物、大气污染物和废水等污染物与碳排放量都为生态环境污染治理的对象，以及"碳污同源"，致使减少环境污染物与碳减排的减污降碳协同效应切实可行。在固体废弃物方面，张晨怡等（2024）探究了中国绝大多数城市以垃圾焚烧逐步替代填埋成为主流传统垃圾处理方式，导致城市生活垃圾处理的碳排放总量快速增长，这体现出固体废弃物与碳排放的协同效应。在大气污染物方面，张国兴等（2022）分析了碳交易政策通过技术创新对碳强度、$PM_{2.5}$、SO_2产生显著中介效应，以实现减污降碳协同效应。在废水方面，李薇等（2014）指明了污水处理中 COD 去除量与 CO_2 排放呈正相关关系。

依据前述分析，借鉴 Yang 等（2019）、Shin 等（2007）的研究方法，笔者采用熵权 –TOPSIS 模型对各省份的环境污染状况进行量化评估，以此为衡量当地生态环境质量和污染程度的综合性指标。在环境污染指数的计算过程中，主要选取了 2012 年、2015 年及 2017 年中国 30 个省份的"三废"（废气、废水、固体废弃物）排放量作为关键指标，详细涵盖了废气中 SO_2 排放量、工业废水排放量和一般工业固体废物产生量。结合熵权 –TOPSIS 法的内在原理，环境污染指数被设定为逆向衡量标准，其数值的攀升表示该省份面临的环境污染问题加剧，反映生态环境质量的相应下滑。计算步骤如下。

第一，指标数据标准化处理。不同的指标具有不同的量纲和单位，因此需要进行标准化处理。正向指标标准化线性标准化分为表示收益属性的正向指标 r_{ij}^+ 和表示成本属性的负向指标 r_{ij}^- 两种类型：

$$r_{ij}^+ = \frac{\boldsymbol{x}_{ij} - \min x_j}{\max x_j - \min x_j} \ , \ (i=1,2,3,\cdots,m；j=1,2,3,\cdots,n) \tag{6-14}$$

$$r_{ij}^- = \frac{\max x_j - \boldsymbol{x}_{ij}}{\max x_j - \min x_j} \ , \ (i=1,2,3,\cdots,m；j=1,2,3,\cdots,n) \tag{6-15}$$

式中：i 为第 i 个指标；j 为第 j 个年份；$\boldsymbol{x}_{ij}$ 为 i 个指标经过 j 个年份组成的判断矩阵；r_{ij} 为 $\boldsymbol{x}_{ij}$ 的规范化值。

第二，确定指标权重值 W_j。

$$W_j = \frac{1 + k\sum_{i=1}^{m} f_{ij} \ln f_{ij}}{n + k\sum_{j=1}^{n}\sum_{i=1}^{m} f_{ij} \ln f_{ij}}, \ f_{ij} = \frac{r_{ij}}{\sum_{i=1}^{m} r_{ij}}, \ k = \frac{1}{\ln m} \tag{6-16}$$

式中：$W_j \in [0,1]$，且 $\sum_{j=1}^{n} W_j = 1$。

第三，对标准化指标值进行权重分配，形成同趋势化加权规范化矩阵 $\boldsymbol{V}$，以

反映各省份在环境污染指数上的相对位置，得到正、负理想解。令 V^+ 表示正理想解，V^- 表示负理想解，有

$$V = (v_{ij})_{m \times n} \, v_{ij} = W_j r_{ij} \tag{6-17}$$

$$V^+ = \left\{ r_1^+, r_2^+, r_3^+, \cdots, r_n^+ \right\} = \left\{ \left(\max_i r_{ij} \middle| j \in J^+ \right), \left(\min_i r_{ij} \middle| j \in J^- \right) \right\} \tag{6-18}$$

$$V^- = \left\{ r_1^-, r_2^-, r_3^-, \cdots, r_n^- \right\} = \left\{ \left(\min_i r_{ij} \middle| j \in J^+ \right), \left(\max_i r_{ij} \middle| j \in J^- \right) \right\} \tag{6-19}$$

式中：J^+ 与收益属性有关；J^- 与成本属性有关。

第四，计算各评价方案至正、负理想解的欧氏距离，分别记为 $\overline{S_i^+}$ 和 $\overline{S_i^-}$，以量化其与理想状态的偏离程度：

$$S_i^+ = \sqrt{\sum_{j=1}^{n} w_j (v_{ij} - v_j^+)^2} \tag{6-20}$$

$$S_i^- = \sqrt{\sum_{j=1}^{n} w_j (v_{ij} - v_j^-)^2} \tag{6-21}$$

$$\overline{S_i^+} = \left(\prod_{k=1}^{K} S_i^+ \right)^{\frac{1}{K}} \tag{6-22}$$

$$\overline{S_i^-} = \left(\prod_{k=1}^{K} S_i^- \right)^{\frac{1}{K}} \tag{6-23}$$

式中：$i = 1, 2, 3, \cdots, m$；$k = 1, 2, 3, \cdots, K$。

第五，计算理想解的相对贴近度 $\overline{C_i^*}$。

$$\overline{C_i^*} = \frac{\overline{S_i^-}}{\overline{S_i^-} + \overline{S_i^+}}, \quad (i = 1, 2, 3, \cdots, m) \tag{6-24}$$

式中：$0 \leqslant \overline{C_i^*} \leqslant 1$，鉴于所选指标均为逆指标，故当 $\overline{C_i^*}$ 计算结果趋近于 1 时，反映该省份生态环境质量较差；当 $\overline{C_i^*}$ 趋近于 0 时，表示生态环境质量更佳，即更接近理想最优状态。计算结果如表 6-3 所示。

表6-3　中国30个省份的环境污染指数

省份	2012 年	2015 年	2017 年
北京	0.019	0.028	0.032
天津	0.063	0.049	0.076
河北	0.697	0.578	0.604
山西	0.474	0.550	0.571
内蒙古	0.432	0.585	0.539
辽宁	0.494	0.480	0.520
吉林	0.155	0.158	0.176
黑龙江	0.207	0.256	0.240
上海	0.122	0.109	0.125
江苏	0.576	0.555	0.656
浙江	0.434	0.374	0.445
安徽	0.265	0.298	0.337
福建	0.297	0.359	0.317
江西	0.265	0.285	0.405
山东	0.645	0.542	0.805
河南	0.511	0.331	0.351
湖北	0.295	0.293	0.301
湖南	0.311	0.227	0.328
广东	0.474	0.436	0.506
广西	0.321	0.232	0.223
海南	0.000	0.009	0.004
重庆	0.156	0.124	0.155
四川	0.328	0.375	0.366
贵州	0.266	0.323	0.382
云南	0.283	0.401	0.361
陕西	0.240	0.272	0.295

省份	2012 年	2015 年	2017 年
甘肃	0.165	0.192	0.167
青海	0.155	0.220	0.210
宁夏	0.106	0.164	0.178
新疆	0.226	0.302	0.371

表 6-3 表示中国 30 个省份在 2012 年、2015 年和 2017 年三个时间点的环境污染指数，这一数据为我们提供了观察中国近年来环境污染状况及其变化趋势的重要视角。

（一）总体趋势分析

从总体上看，中国 30 个省份的环境污染指数在不同年份呈现一定的波动，但整体趋势相对复杂。部分省份如北京、天津、河北等，其环境污染指数在考察期内有所上升，反映了这些地区在经济发展过程中可能面临环境压力增大的问题。同时，也有省份，如海南、青海等的环境污染指数极低或保持相对稳定，显示出较好的环境保护成效。本章认为，环境污染指数主要同经济发展模式与产业结构、政策与法规执行力度、自然条件与地理位置及公众环保意识与参与度有关。

1. 经济发展模式与产业结构

对于高污染地区，如北京、天津、河北等，这些地区往往经济发达，但早期的经济发展模式可能较依赖重工业、能源密集型产业等，这些产业在生产过程中会产生大量的污染物排放，从而导致环境污染指数上升。随着经济的持续增长，如果未能及时转型为更加环保、低碳的产业结构，环境压力则将持续增大。相比之下，作为低污染地区的海南，产业结构特征是以第三产业为主，这得益于海南作为旅游城市的优势；青海则拥有丰富的自然资源但开发程度较低，因此这些地区的环境污染指数较低且保持稳定。

2. 政策与法规执行力度

严格的环保政策和有效的执法是控制环境污染的关键。对于环境污染指数上升的省份，可能存在政策执行不力、监管不到位等问题，导致企业违法排污现象频发。而环境污染指数较低的省份，往往得益于政府强有力的环保政策和较大的执法力度，使环境污染行为得到有效遏制。

3. 自然条件与地理位置

海南、青海等省份的自然条件优越、生态环境脆弱，政府和社会各界对环境保护的重视程度较高，这也促使这些地区环境污染指数保持在较低水平。相比之下，北京、天津、河北等地区由于地理位置接近，且处于华北平原这一污染易发区域，加之气候、地形等自然因素的影响，导致环境污染更为严峻。

4. 公众环保意识与参与度

公众环保意识的提高和积极参与是推动环境保护工作的重要力量。在环境污染指数较低的省份，公众可能更加关注环境保护问题，积极参与环保活动，形成了良好的环保氛围。而在环境污染指数较高的省份，虽然近年来公众环保意识有所提升，但仍有待进一步加强，以提高全社会对环境保护的重视程度和参与度。

（二）区域差异分析

从区域层面来看，东部沿海地区，如北京、天津、河北等华北地区，以及江苏、浙江等东部地区，环境污染指数普遍较高，这可能与这些地区工业化、城市化进程较快，能源消耗和污染物排放量大有关。尤其是河北和山东，其环境污染指数在 2017 年达到较高水平，表明这些省份在经济发展与环境保护之间的平衡上仍需努力。相比东部沿海地区，中西部省份的环境污染指数普遍较低，但部分省份如河南、四川、云南等也表现出一定的上升趋势。这可能与中西部地区的经济发展加速、工业化进程推进有关。然而，值得注意的是，贵州、青海等省份在保持经济增长的同时，环境污染指数较低，显示出其在环境保护方面的积极努力。东北地区的辽宁、吉林、黑龙江三省的环境污染指数处于中等水平，且变化趋势相对稳定。这可能与东北地区传统工业基础雄厚，但在经济转型和产业升级过程中，对环境保护的重视程度逐渐提高有关。

（三）重点省份分析

由环境污染指数可知，北京的环境污染指数在逐年上升，这可能与城市规模扩大、人口增加及机动车保有量激增等因素有关。然而，近年来北京市政府采取了一系列严格的环保措施，如限制高排放车辆进入市区、推广新能源汽车等，有望在未来改善环境质量。河北的环境污染指数在考察期内一直居高不下，且呈现波动上升趋势。这主要与其作为重工业基地和煤炭大省的身份有关。河北需要加快产业结构调整，减少高污染、高能耗产业的比重，同时加强环境治理和生态保护工作。相比之下，海南的环境污染指数极低，几乎可以忽略不计。这得益于其独特的地理位置和优越的生态环境，以及政府对环境保护的高度重视。海南作为国际旅游岛，良好的生态环境是其可持续发展的重要保障。

综上所述，中国30个省份的环境污染状况存在显著的区域差异和变化趋势。为了实现经济社会的可持续发展，相关省份应根据自身实际情况，制定科学合理的环境保护政策和措施。具体而言，应加强对高污染、高能耗产业的监管和治理，推广清洁能源和环保技术；加强环境基础设施建设，提高污染物处理能力；加强公众环保意识教育，营造全社会共同参与环境保护的良好氛围。同时，政府应加大对环境保护的投入力度，为环境保护提供坚实的资金保障。

三、减污降碳和扩绿增长协同潜力分析

碳排放、碳转移存在诸多影响因素，如能源消费结构、产业结构、能源消费

强度等，这些因素共同作用决定碳排放的发展趋势，且存在较大的不确定性，因此，传统的关联性分析（如回归分析、主成分分析等）并不适用于碳排放、减污降碳和扩绿增长等问题的分析，且影响因素与它们之间的关联度数值并非本章的研究重点，本章更关注影响因素之间的大小排序，以便找出影响与控制碳排放、减污降碳和扩绿增长的重要因素。

灰色关联分析是通过测量因素之间的发展趋势的相似性来评估它们之间的关系强度，其基本思想是根据序列曲线几何形状的相似程度来判断不同序列之间的联系是否紧密。灰色关联分析是一种有效的数据分析方法，适用于处理不完全、不确定或复杂的数据系统。它能够揭示不同因素之间的关联程度，为系统分析、优化和决策提供科学依据，被广泛应用于因素关系分析、综合评价与排序、趋势预测、数据挖掘与知识发现等方面。

鉴于减污降碳与扩绿增长之间的系统性与整体性关联，以及碳排放、环境污染与绿色发展、经济高质量发展间的复杂互动。借鉴 Azzeh 等（2010）、陆敏等（2022）的做法，本章运用灰色关联分析模型进行深入分析，旨在为中国当前阶段的减污降碳及扩绿增长潜力提供科学、合理的评估框架，为减污降碳协同治理提升和扩绿增长耦合协调发展提供参考。因此，在研究减污降碳协同效应方面，以碳排放量为灰色关联分析中的母序列，一般工业废气中 SO_2 排放量、废水排放量、固体废物排放量为子序列；在研究扩绿增长协同效应方面，以城市绿地面积为灰色关联分析中的母序列，大型企业年末固定资产价值、生产部门年末就业人数、国内生产总值为子序列。其中，母序列记为 $x_o(k)|k=1,2,3,\cdots,n$；子序列记为 $x_i(k)|k=1,2,3,\cdots,m$。分别求出碳排放量与环境污染物和城市绿地面积与经济高质量发展的相关程度，并依据其相关程度的强弱分析中国 30 个省份减污降碳和扩绿增长的协同潜力。以下为具体的实施步骤。

第一步：首先确定母序列和子序列，其次进行归一化处理，最后运用式（6-25）计算灰色关联系数：

$$\gamma(x_o(k), x_i(k)) = \frac{\min\limits_{i,k} \varDelta_{oi}(k) + \xi \max\limits_{i,k} \varDelta_{oi}(k)}{\varDelta_{oi}(k) + \xi \max\limits_{i,k} \varDelta_{oi}(k)} \qquad (6-25)$$

$$\varDelta_{oi}(k) = \begin{cases} |x_o(k) - x_i(k)|, & k \text{ 为定量变量} \\ 0, & k \text{ 为定类变量并且 } x_o(k) = x_i(k) \\ 1, & k \text{ 为定类变量并且 } x_o(k) \neq x_i(k) \end{cases} \qquad (6-26)$$

式中：ξ 为分辨系数，$\xi \in [0,1]$。

第二步：计算关联度 $\varGamma_{oi}$。$\varGamma_{oi}$ 值介于 0~1 之间，其越接近 0，表明相关性越弱；其越接近 1，表明相关性越强：

$$\varGamma_{oi} = \frac{1}{n} \sum_{k=1}^{n} \gamma(x_o(k), x_i(k)) \qquad (6-27)$$

若碳排放量与环境污染物的关联度值越大，即减污降碳灰色关联度越大，则意味着减污降碳协同潜力越大；反之，则意味着减污降碳协同潜力越小。扩绿增长协同潜力和减污降碳协同潜力同理。碳排放量与一般工业废气中 SO_2 排放量、废水排放量、固体废物排放量的关联度值分别为 $\varGamma_1$、$\varGamma_2$、$\varGamma_3$。城市绿地面积与大型企业年末固定资产价值、生产部门年末就业人数、国内生产总值的关联度值分别为 $\varGamma_4$、$\varGamma_5$、$\varGamma_6$。计算结果如表 6-4 和表 6-5 所示。

表 6-4　中国 30 个省份的减污降碳灰色关联度

省份	2012 年			2015 年			2017 年		
	$\varGamma_1$	$\varGamma_2$	$\varGamma_3$	$\varGamma_1$	$\varGamma_2$	$\varGamma_3$	$\varGamma_1$	$\varGamma_2$	$\varGamma_3$
北京	0.844	0.869	0.850	0.800	0.887	0.820	0.796	0.891	0.836
天津	0.859	0.800	0.740	0.832	0.820	0.710	0.732	0.869	0.741
河北	0.707	0.581	0.335	0.494	0.441	0.472	0.707	0.459	0.554
山西	0.743	0.507	0.457	0.713	0.491	0.338	0.838	0.469	0.335
内蒙古	1.000	0.381	0.784	0.841	0.361	0.581	0.830	0.357	0.596
辽宁	0.966	0.745	0.483	0.842	0.744	0.345	0.704	0.731	0.441

续表

省份	2012 年			2015 年			2017 年		
	Γ_1	Γ_2	Γ_3	Γ_1	Γ_2	Γ_3	Γ_1	Γ_2	Γ_3
吉林	0.853	0.899	0.767	0.944	0.945	0.851	0.976	0.962	0.852
黑龙江	0.814	0.954	0.781	0.727	0.732	0.846	0.919	0.723	0.815
上海	0.764	0.968	0.703	0.673	0.870	0.655	0.620	0.913	0.657
江苏	0.624	0.449	0.449	0.520	0.471	0.378	0.815	0.501	0.400
浙江	0.815	0.434	0.547	0.858	0.417	0.512	0.599	0.416	0.524
安徽	0.768	0.897	0.926	0.719	0.959	0.913	0.893	0.930	0.953
福建	0.841	0.567	0.976	0.878	0.548	0.744	0.929	0.510	0.792
江西	0.729	0.699	0.651	0.705	0.616	0.708	0.438	0.598	0.645
山东	0.769	0.812	0.473	0.738	0.825	0.485	0.650	0.634	0.716
河南	0.862	0.797	0.804	0.852	0.703	0.746	0.517	0.613	0.930
湖北	0.757	0.924	0.666	0.958	0.749	0.768	0.698	0.822	0.779
湖南	0.961	0.686	0.864	0.871	0.734	0.786	0.941	0.862	0.595
广东	0.732	0.488	0.478	0.741	0.460	0.431	0.582	0.462	0.439
广西	0.913	0.521	0.925	0.878	0.708	0.996	0.896	0.768	0.896
海南	0.938	0.988	0.923	0.928	0.978	0.903	0.922	0.976	0.906
重庆	0.771	0.899	0.797	0.705	0.963	0.771	0.866	1.000	0.734
四川	0.794	0.947	0.825	0.788	0.902	0.848	0.737	0.877	0.704
贵州	0.603	0.706	0.992	0.636	0.745	0.937	0.459	0.731	0.888
云南	0.749	0.919	0.537	0.625	0.848	0.506	0.535	0.869	0.546
陕西	0.726	0.753	0.853	0.732	0.724	1.000	0.859	0.771	0.889
甘肃	0.768	0.817	0.873	0.652	0.798	0.950	0.857	0.820	0.954
青海	0.936	0.989	0.483	0.926	0.980	0.387	0.885	0.993	0.437
宁夏	0.849	0.817	0.851	0.856	0.800	0.861	0.748	0.749	0.888
新疆	0.756	0.698	0.920	0.867	0.545	0.657	0.631	0.509	0.679
平均水平	0.807	0.750	0.724	0.777	0.725	0.697	0.753	0.726	0.704

从表 6-4 可以看出，总体上，碳排放量与环境污染物之间的关联度展现出显著的相关性。具体而言，碳排放量与一般工业固体废物排放量、废气中 SO_2 排放量及废水排放量的平均关联度值 Γ_{oi} 均较高，普遍超过 0.6 的阈值。值得注意的是，碳排放量与废气中 SO_2 排放量平均关联度值 Γ_1 的最低值为 2017 年的 0.753；与废水排放量的平均关联度值 Γ_2 的最低值为 2015 年的 0.725；与一般工业固体废物产生量平均关联度值 Γ_3 的最低值为 2015 年的 0.697。这表明碳排放量与考察的三类环境污染物之间存在高度的关联性和紧密的相关性，进一步凸显了减污与降碳之间巨大的协同增效潜力。SO_2 作为大气污染物的主要成分之一，其排放量的减少对改善空气质量、保护人类健康具有重要意义。而碳排放量的下降，可以通过优化能源结构、提高能源利用效率等多种途径来实现，从而也会间接促使 SO_2 排放量的减少。这种协同效应不仅有助于降低环境治理成本，还可以显著提升环境治理效果，为实现"双碳"目标提供有力支撑。

从表 6-5 可以看出，总体上，城市绿地面积与经济高质量发展关联度值呈现高度相关性。城市绿地面积与大型企业年末固定资产价值、生产部门年末就业人数、国内生产总值的平均关联度值 Γ_{oi} 较大，普遍高于 0.8。城市绿地面积与大型企业年末固定资产价值平均关联度值 Γ_4 的最低值为 2017 年的 0.831；与生产部门年末就业人数平均关联度值 Γ_5 的最低值为 2017 年的 0.826；国内生产总值平均关联度值 Γ_6 的最低值为 2012 年的 0.850。这表明城市绿地面积与三类经济增长指标的关联度较高、相关性较强，反映出扩绿增长协同潜力较大。城市绿地面积的增加不仅能够提升城市的生态环境质量，还能够通过促进休闲旅游、增加就业机会、提升居民幸福感等多种途径来推动经济的高质量发展。因此，科学规划城市绿地布局、加大城市绿化投入力度等措施，可以进一步挖掘扩绿增长的协同潜力，为经济社会的可持续发展注入新的活力。

表 6-5 中国 30 个省份的扩绿增长灰色关联度

省份	2012 年			2015 年			2017 年		
	Γ_4	Γ_5	Γ_6	Γ_4	Γ_5	Γ_6	Γ_4	Γ_5	Γ_6
北京	0.877	0.954	0.867	0.784	0.791	0.898	0.826	0.795	0.851
天津	0.750	0.718	0.869	0.798	0.806	0.902	0.947	0.961	0.995
河北	0.668	0.941	0.807	0.681	0.945	0.860	0.694	0.838	0.864
山西	0.715	0.973	0.882	0.721	0.942	0.972	0.775	0.838	0.903
内蒙古	0.767	0.831	0.992	0.816	0.763	0.903	0.806	0.734	0.892
辽宁	0.929	0.820	0.736	0.841	0.734	0.728	0.791	0.715	0.723
吉林	0.904	0.976	0.993	0.963	0.976	0.934	0.955	0.973	0.926
黑龙江	0.831	0.745	0.814	0.820	0.728	0.797	0.851	0.749	0.822
上海	0.669	0.976	0.783	0.653	0.827	0.839	0.643	0.814	0.855
江苏	0.878	0.704	0.898	0.897	0.762	1.000	0.971	0.687	0.888
浙江	0.954	0.573	0.806	0.943	0.776	0.809	0.902	0.758	0.832
安徽	0.995	0.795	0.998	0.952	0.804	0.983	0.861	0.819	0.986
福建	0.960	0.511	0.771	0.971	0.677	0.762	0.898	0.656	0.714
江西	0.969	0.922	0.927	0.965	0.870	0.922	0.996	0.868	0.944
山东	0.687	0.725	0.912	0.644	0.954	0.993	0.636	0.958	0.894
河南	0.677	0.719	0.696	0.608	0.565	0.702	0.563	0.503	0.686
湖北	0.844	0.848	0.792	0.899	0.865	0.773	0.906	0.864	0.736
湖南	0.885	0.854	0.735	0.921	0.964	0.711	0.901	0.993	0.706
广东	0.334	0.526	0.424	0.333	0.616	0.451	0.333	0.487	0.477
广西	0.817	0.807	0.865	0.748	0.746	0.830	0.753	0.724	0.823
海南	0.716	0.713	0.746	0.952	0.924	0.996	0.949	0.922	0.996
重庆	0.894	0.987	0.972	0.955	0.936	0.955	0.968	0.932	0.933
四川	0.868	0.975	0.843	0.798	0.975	0.807	0.817	0.892	0.827
贵州	0.980	0.947	0.971	0.986	0.896	0.970	0.965	0.843	0.997
云南	0.928	0.968	0.897	0.864	0.969	0.872	0.837	0.964	0.862

续表

省份	2012 年			2015 年			2017 年		
	Γ_4	Γ_5	Γ_6	Γ_4	Γ_5	Γ_6	Γ_4	Γ_5	Γ_6
陕西	0.708	0.871	0.787	0.781	0.990	0.907	0.777	0.952	0.952
甘肃	0.882	0.999	0.958	0.876	0.962	0.987	0.881	0.946	0.991
青海	0.901	0.979	0.978	0.871	1.000	0.984	0.874	1.000	0.982
宁夏	1.000	0.892	0.916	1.000	0.877	0.897	0.974	0.869	0.890
新疆	0.982	0.777	0.868	0.956	0.745	0.832	0.887	0.725	0.805
平均水平	0.832	0.834	0.850	0.833	0.846	0.866	0.831	0.826	0.858

从表 6-4 及表 6-5 可以看出，在减污降碳协同潜力方面，30 个省份的减污降碳水平呈现差异化，大多数省份展现出了较高的协同效率与显著的发展潜力。首先，海南的碳强度与环境污染物的关联度值均大于 0.9。海南作为国家生态文明试验区，其减污降碳的协同效率尤为突出。这一成就得益于海南得天独厚的自然条件，如清新的空气、洁净的水源和茂密的森林，为实施严格的环保政策奠定了坚实的基础。同时，海南在生态文明建设方面的不懈努力，包括推广清洁能源、加强环境监管、提升公众环保意识等，共同促成了其高水平的减污降碳协同增效。这种发展模式不仅改善了当地生态环境质量，也为全国其他地区树立了绿色发展的典范。其次，广东与河北的碳强度与环境污染物的关联度值均低于平均值，但河北的碳强度与 SO_2 排放量和固体废物排放量的关联度要远高于广东，即河北的减污降碳协同治理水平要高于广东。原因在于河北作为工业大省，其工业化和城市化进程快速推进，对能源的需求和碳排放量均处于较高水平。然而，河北通过实施一系列节能减排措施，如优化产业结构、提升能源利用效率、推广绿色低碳技术等，有效降低了碳排放强度，并实现了协同控制环境污染物排放。这种在经济发展与环境保护之间寻求平衡的做法，为河北乃至全国的绿色转型提供了宝贵经验。

在扩绿增长协同潜力方面，中国 30 个省份的扩绿增长水平呈现不平衡性，大多数省份展现出了较高的协同效率与显著的发展潜力。首先，贵州、江西、吉林、云南、甘肃、青海和宁夏等省份的城市绿地面积与经济高质量发展的关联度值均大于 0.8，体现了在新发展阶段背景下，这些省份更加注重可持续、高质量、绿色发展，形成了较高水平的扩绿增长协同增效趋势。其次，河南、广东的关联度值均低于平均值，且大部分关联度平均值也在 0.5 左右，因此仍然具有一定的扩绿增长协同水平和提升潜力。然而，河南与广东对于扩绿增长工作的侧重点并不相同，河南重视实施创新驱动发展战略，推动传统产业转型升级，同时大力发展新兴产业和绿色产业，为经济高质量发展注入了核心动力。广东则倾向于加强城市绿化和生态建设，提升城市生态环境质量，为居民提供更加优质的生活环境，从而为广东实现扩绿增长协同增效提供了有力支撑。

第三节　基于 GTWR 法的区域碳转移预测模型设计

现有文献对碳转移影响效应的研究较少，且大多未考虑时空异质性。因此，本节采用时空地理加权回归（Geographically and Temporally Weighted Regression，GTWR）模型在回归参数中引入数据的时空坐标，利用相邻观测的子样本数据局部回归进行估计。

GTWR 模型是一种局部线性回归模型，它能够同时考虑空间和时间上的非平稳性。与传统 GWR 模型相比，GTWR 模型增加考虑了数据的时间效应，旨在同时捕捉模型的空间异质性和时间异质性。因此，GTWR 模型结合了地理加权回归（GWR）和时间加权回归（TWR）的特点，通过为每个观测点分配不同的权重，可以反映观测点在空间和时间上的局部特性。该模型在回归分析中，不仅考虑了因变量与自变量之间的空间关系，还纳入了时间变化对关系的影响，从而提高了模型的解释力和预测精度。GTWR 模型在多个领域被广泛应用。例如，在环境科学中，GTWR 模型可以用于研究空气污染物的时空分布规律；在城市规划中，GTWR 模型可以用于分析城市人口、交通等的时空变化特征；在气候变化研究中，GTWR 模型可以用于探究气温、降水等气象要素的时空变化趋势。

由于局部地理位置在时间和空间上的变化，通过为每个观测点分配一个空间权重和时间权重，可以捕捉观测点在空间和时间上的非平稳性，因此时空地理加权回归模型可以反映碳转移及其影响效应之间的时空关系。参考范巧和郭爱君（2021）的做法，将地理加权回归函数表示为

$$y_i = \beta_0\left(\mu_i, \theta_i, t_i\right) + \sum_k \beta_k\left(\mu_i, \theta_i, t_i\right) x_{ik} + \varepsilon_i \tag{6-28}$$

式中：y_i 为 $n \times 1$ 维因变量矩阵；x_{ik} 为 $n \times k$ 维自变量矩阵；$\beta_k\left(\mu_i, \theta_i, t_i\right)$ 为第 i 个观测样本点对应的第 k 个待估参数；$\left(\mu_i, \theta_i, t_i\right)$ 为第 i 个样本观测点的时空坐标；ε_i 为随机误差项。

本节选取碳转入量（IF）和碳转出量（OF）作为核心解释变量，碳强度（CI）与环境污染指数（EPI）的交乘项（$CI \times EPI$）和城市绿地面积（UGS）与绿色全要素生产率（$GTFP$）的交乘项（$UGS \times GTFP$）分别作为被解释变量。最终模型为

$$\begin{aligned}
(CI \times EPI) = {} & \beta_0(\mu_i, \theta_i, t_i) + \beta_1(\mu_i, \theta_i, t_i) \times (\ln IF)_i + \beta_2(\mu_i, \theta_i, t_i) \times (\ln OF)_i + \\
& \beta_3(\mu_i, \theta_i, t_i) \times (\ln Energy)_i + \beta_4(\mu_i, \theta_i, t_i) \times (\ln Population)_i + \\
& \beta_5(\mu_i, \theta_i, t_i) \times (\ln Foreign)_i + \varepsilon_i
\end{aligned} \tag{6-29}$$

$$\begin{aligned}
\ln(UGS \times GTFP) = {} & \beta_0(\mu_i, \theta_i, t_i) + \beta_1(\mu_i, \theta_i, t_i) \times (\ln IF)_i + \beta_2(\mu_i, \theta_i, t_i) \times \\
& (\ln OF)_i + \beta_3(\mu_i, \theta_i, t_i) \times (\ln Energy)_i + \beta_4(\mu_i, \theta_i, t_i) \times \\
& (\ln Population)_i + \beta_5(\mu_i, \theta_i, t_i) \times (\ln Foreign)_i + \\
& \beta_6(\mu_i, \theta_i, t_i) \times (\ln Urban)_i + \varepsilon_i
\end{aligned} \tag{6-30}$$

为防止一味追求碳达峰目标而不惜舍弃经济增长的情况发生，并且更加全面地考虑降碳的经济效率问题，本节参考李江龙等（2024）的研究，采用碳排放量与GDP的比值来表示碳强度（CI）。参考Färe等（1992）、Tone等（2010）的研究，绿色全要素生产率（$GTFP$）利用相邻两期交叉参比法并通过SBM-Malmquist-Luenberger指数测算得出。其中，期望产出为各省份实际GDP（亿元），非期望产出为工业SO_2（吨）、工业废水排放量（万吨）和固体废弃物排放量（吨）；投入指标包括资本投入、劳动力投入及其他投入，分别采用大型企业年末固定资产价值（亿元）、生产部门年末就业人数（人）和生产部门能源总消耗量（万吨）作为替代变量。

为减轻遗漏变量引发的内生性问题，参考国内外既有研究成果，本节在模型设定中纳入了以下控制变量。

（1）能源强度（$Energy$）。能源强度是指能源消耗与产出的比重，其高低直接关系到四重红利的效应，较高的能源强度会产生更多的碳排放量和环境污染物，也会创造经济增长点，从而出现碳脱钩现象。因此，本节采用能源消耗总量与GDP之比来衡量能源强度，可以体现能源利用与经济发展之间的关系。

（2）人口密度（$Population$）。人口密度是指单位土地面积上的人口数量。较高的人口密度会产生更多的生产、生活污染物，造成更严重的地区环境污染。但同时凭借较多的人口数量形成合力，可以促进生产与刺激消费，保持经济持续增长。因此，本节采用城市人口密度来衡量，可以体现人口密度的程度。

（3）外贸规模（$Foreign$）。外贸规模是指一个国家或地区对外贸易进出口的总金额。通常，借助外资涌入的技术溢出效应可以显著削弱中国的碳排放强度，这一过程涉及引进前沿技术以提升生产效能，进而促使能源使用效率上升，最终达到减少碳排放的目的。然而，值得注意的是，外商直接投资的增长也潜在地带来了"污染避难所"的担忧，即可以通过外商直接投资来转移某些环境标准较低的生产活动。此外，生产技术的国际化引入还可能刺激本地市场需求增长，间接通过生产规模的扩大促进区域经济的繁荣与发展。因此，本章采用进出口总额与GDP的比值来衡量外贸规模，可以体现国内对外开放程度。

（4）城镇化率（*Urban*）。城镇化率一般采用人口统计学指标，即城镇人口占总人口（包括农业与非农业）的比重来衡量。一方面，城镇化率的提高会扩大商业和住宅面积进而降低绿地覆盖面积；另一方面，城镇化率较高的地区凭借其政策补贴、交通运输、基础设施和市场规模等方面的优势具有更高的经济实力和发展潜力。因此，采用城镇人口与总人数的比值来衡量城镇化率，可以体现城市化程度。此外，本章最为关注的是交互项系数（β_1 和 β_2）及其显著性。

在数据方面，笔者采用2010—2020年中国30个省份的面板数据作为研究样本，囿于数据的可获得性，其中不包括西藏及港澳台地区的数据。中国碳排放量数据和多区域投入产出表来自中国碳核算数据库CEADs。其他相关数据来自2010—2020年的《中国能源统计年鉴》《中国城市统计年鉴》《中国统计年鉴》《中国环境统计年鉴》，以及国家统计局数据库和各省份的统计年鉴等。此外，鉴于部分数据存在缺失和异常的情况，为确保数据的完整性和分析的连续性，笔者采用线性插值法和平均趋势法对其进行填充。

第四节　回归结果分析

一、基准回归结果

为验证回归模型的有效性及准确性，本部分依据前文阐述的研究方法，综合运用了OLS与GTWR两种技术手段来分别估算模型参数。这一并行分析方法旨在通过对比二者的输出结果差异，从而更全面地评估模型的有效性和适用性。表6-6展示了基准回归结果，其中模型（1）和模型（2）分别为碳转移的减污降碳效应和扩绿增长效应的 OLS 估计结果，模型（3）和模型（4）分别为碳转移的减污降碳效应和扩绿增长效应的 GTWR 估计结果。

表 6-6 基准回归结果

变量	（1）	（2）	变量	（3）	（4）
	（$CI \times EPI$）	$\ln(UGS \times GTFP)$		（$CI \times EPI$）	$\ln(UGS \times GTFP)$
$\ln IF$	0.585***	0.372***	$\ln IF$	−0.011~0.850	0.062~0.699
$\ln OF$	−0.203***	0.394***	$\ln OF$	−0.399~0.519	0.281~0.636
$\ln Energy$	0.125**	−0.492***	$\ln Energy$	0.016~0.716	−0.660~−0.357
$\ln Population$	−0.319***	−0.438***	$\ln Population$	−0.801~0.105	−0.655~−0.004
$\ln Foreign$	−0.111*	0.452***	$\ln Foreign$	−0.360~0.200	0.315~0.575
$\ln Urban$		−1.812***	$\ln Urban$		−2.987~−1.224
Cons	0.220	3.633***	Cons	−2.251~1.479	−1.195~5.765
F–Stat	33.940	43.260	Bandwidth	0.187	0.277
F–Prob	0.000	0.000	Residual Squares	3.155	12.117
			Sigma	0.187	0.367
AICc	71.506	134.033	AICc	51.421	128.751
R^2	0.669	0.758	R^2	0.899	0.855
adj.R^2	0.649	0.758	adj.R^2	0.893	0.844

注：* 表示 $p < 0.1$，** 表示 $p < 0.05$，*** 表示 $p < 0.01$。

由表 6-6 可知，OLS 模型的核心解释变量 $\ln IF$ 的回归系数均大于 0，分别为 0.585 和 0.372，且均在 1% 的水平下显著，$\ln OF$ 的回归系数在减污降碳方面小于 0，而在扩绿增长方面大于 0，分别为 −0.203 和 0.394，且都在 1% 的水平下显著。在统计显著性、模型拟合度或预测精度等关键指标上，OLS 模型回归系数都在 GTWR 模型回归系数的区间内，OLS 模型与 GTWR 模型的回归系数大体相似。这表明，一方面，碳排放转入会提升地区的碳强度和环境污染程度，而碳排放转出会降低地区的碳强度和环境污染程度，体现了减污降碳协同效应；另一方面，碳排放转入和转出都会提升绿色全要素生产率，体现了扩绿增长协同效应，并且碳排放转出的扩绿增长协同效应比碳排放转入高出约2.2%。进一步分析表明，与GTWR模型相比，OLS模型的AICc值较高（分别为71.506和134.033），而GTWR模型的AICc值较低（分别为51.421和128.751）。这种差异不仅存在，而且其幅度远超过具有显著性的阈值3，根据赤池信息量准则校正版的最小信息化准则，该研究更适用GTWR模型进行分析，其在捕捉局部变化方面更具优势。此外，OLS模型的R^2值分别为0.669和0.758，GTWR模型的R^2值分别为0.899和0.855，即OLS模型可解释变量的程度分别为66.9%和75.8%，分别小于GTWR模型的89.9%和85.5%，并且GTWR模型调整后的R^2也更好，表明GTWR模型有较好的拟合优度。

二、GTWR 回归结果分析

为了科学、合理地分析减污降碳和扩绿增长效应的影响效果，笔者运用GTWR进行回归，回归结果能够揭示不同时空位置下各影响因素的异质性及其动态变化。[①]

根据相关省份减污降碳和扩绿增长效应的影响效果，大部分省份局部估计后存在时空异质性，再次验证GTWR模型具有较好的解释能力。30个省份碳转入的减污降碳效应显著为正，表明省际碳转入会提升地区碳强度和环境污染程度，不利于实现减污降碳效应。其中，黑龙江、内蒙古、河北、吉林等省份的碳转入导致的碳强度和环境污染程度较高，保持在［1.052,1.348］。云南、广西、海南、广东等省份碳转入导致的碳强度和环境污染程度较低，保持在［0.272,0.456］。30个省份碳转出的减污降碳效应显著为负，表明省际碳转出会降低地区碳强度和环境污染程度，有利于实现减污降碳效应。其中，黑龙江、内蒙古、河

---

① 受篇幅所限，在此不再展示，感兴趣的读者可联系笔者。

北、山西等省份的碳转出导致的碳强度和环境污染程度降低幅度较大，保持在 [−0.658，−0.614]，体现出较好的减污降碳效应。新疆、云南、海南等省份碳转入导致的碳强度和环境污染程度降低幅度较小，保持在 [−0.473，−0.321]，体现出较差的减污降碳效应。

30 个省份碳转入的扩绿增长效应显著为正，表明省际碳转入会提升地区城市建设绿地面积和绿色全要素生产率，有利于实现扩绿增长效应。其中，河北、山西、内蒙古、河南等省份的碳转入导致的城市建设绿地面积和绿色全要素生产率提升幅度较大，保持在 [5.425，5.965]，体现出较好的扩绿增长效应；甘肃、广西、云南、福建等省份的碳转入导致的城市建设绿地面积和绿色全要素生产率提升幅度较小，保持在 [3.300，4.401]，体现出较差的扩绿增长效应。30 个省份碳转出的扩绿增长效应显著为正，表明省际碳转出会提升地区城市建设绿地面积和绿色全要素生产率，有利于实现扩绿增长效应。其中，江苏、浙江、广东、重庆等省份的碳转出导致的城市建设绿地面积和绿色全要素生产率提升幅度较大，保持在 [5.289，5.776]，体现出较好的扩绿增长效应；甘肃、贵州、福建、海南等省份的碳转出导致的城市建设绿地面积和绿色全要素生产率提升幅度较小，保持在 [3.050，4.235]，体现出较差的扩绿增长效应。

为深入剖析减污降碳效应的区域差异性，笔者主要从碳转入负向减污降碳效应的地域差异、碳转出正向减污降碳效应的地域梯度、碳转入正向扩绿增长效应的区域扩散、碳转出的正向扩绿增长效应四个角度对相关省份减污降碳和扩绿增长效应的影响效果进行分析。

（一）碳转入负向减污降碳效应的地域差异

碳转入的负向减污降碳效应整体呈现由东北地区向西南地区递减的趋势。这主要受地区的经济发展模式、产业结构、能源利用效率和环保政策等多重因素的影响。以下是对东北地区和西南地区的具体分析研究。

（1）东北地区：挑战与困境的双重夹击。作为中国重要的老工业基地的东北地区，也是中国重要的钢铁、重型机械、汽车、石油、化工原料生产基地，不仅奠定了中国工业化的初步基础，也为中国的工业化进程作出了重大贡献。然而，随着经济的高速发展，资源消耗与环境问题日益严重，东北老工业区面临巨大的环境问题，不仅制约了环境和经济的协调发展，也影响了资源的可持续利用。近年来，随着人口外流、资源枯竭及经济结构转型的滞后，该地区面临前所未有的发展压力。碳转入的增加，不仅加剧了本已脆弱的环境承载力，还进一步放大了经济发展与生态保护之间的矛盾。具体而言，人口迁移趋势导致城市空心化，使环境治理缺乏足够的人力资源支撑；资源短缺则限制了绿色转型的步伐，迫使部分地区不得不依赖高耗能、高排放的传统产业维持生计。此外，地理位置相对偏远和跨区合作的高成本，也限制了东北地区从外部引入先进技术和资金进行环境治理和产业升级的能力。因此，碳转入的负向减污降碳效应在东北地区尤为显著，亟须通过政策引导和市场机制创新来摆脱这一困境。

（2）西南地区：绿色发展的坚守与转型。与东北地区形成鲜明对比的是，西南地区凭借得天独厚的自然条件和较早的环保意识，坚持走可持续低碳发展道路。西南地区在产业选择上更加注重环保标准，积极推动清洁能源和绿色产业的发展，逐步实现产业结构的优化升级。这种发展模式不仅有效缓解了碳转入带来的环境压力，还通过技术创新和模式创新为其他地区提供了可借鉴的经验。因此，当碳转入发生时，西南地区能够凭借较强的环境承载能力和绿色转型能力，有效减轻对环境质量的负面影响，甚至在某些领域实现了正向的减污降碳效应。

（二）碳转出正向减污降碳效应的地域梯度

碳转出正向减污降碳效应的地域梯度体现了不同地区在实现减污降碳协同增效方面存在的差异和特点。这种地域梯度的形成受多种因素的影响，包括地区的经济发展水平、产业结构、能源消费结构、技术创新能力等。从总体来看，碳转出的正向减污降碳效应整体呈现由西南地区向东北地区递增的趋势。具体如下。

（1）东北地区的独特优势与机遇：东北地区作为传统的重工业基地，其碳排放的转出对本地及周边地区的减污降碳具有显著的正向效应。一方面，重工业行业的碳减排潜力巨大，通过技术改造和产业升级，可以大幅减弱碳排放强度。另一方面，东北地区靠近"京津冀"等发达区域，这种地理邻近性为区域间的合作提供了便利条件。通过加强与发达区域的交流合作，东北地区可以引进先进的生产技术和管理经验，提升本地企业的竞争力和环境绩效。同时，商务、技术、金融等生产性服务业的跨区域流动也促进了资源的优化配置和经济效益的提升，为东北地区的绿色转型注入了新的活力。

（2）资源配置效率与区域集聚优势：碳转出的过程也是资源配置效率提升的过程。随着碳排放的转出，东北地区可以更加专注发展低碳、高效、环保的产业领域，形成新的经济增长点。同时，区域间的合作与联动也促进了资源的集聚和共享，使边缘区域能够享受到发达区域的经济辐射效应，加速区域间碳效率的提升。这种正向的减污降碳效应不仅有利于东北地区自身的绿色发展，也为全国范围内的环境改善和经济转型提供了有力支持。

（三）碳转入正向扩绿增长效应的区域扩散

碳转入正向扩绿增长效应的区域扩散呈现一定的空间不均衡特征，具体来说，30个省份在降碳、减污、扩绿、增长协同效应上的变化趋势基本一致，然而，在空间分布上，东部地区表现出更强的效应，其次是东北地区、西部地区和中部地区。这种效应以东部地区为核心，形成复杂的空间网络结构，省际的空间关联性呈上升态势。同时，一些地区如北京、天津和上海在关联网络中处于主导地位，而另一些地区如宁夏、黑龙江和新疆处于弱势地位。这表明碳转入的正向扩绿增长效应正在逐步扩散，但仍需进一步加强省份之间的绿色合作与交流，共同推动这一效应的协同发展。

山西、河北、河南等省份作为中国的能源和原材料基地，在经济发展过程中积累了大量的矿产资源和土地资源。然而，这些省份也面临资源开发不合理和利用不持续的问题，导致经济总量和增速在全国范围内相对落后。碳排放的转入为这些地区带来了新的发展机遇。首先，产业转入带来了技术、设备、人才和资金等要素资源的集聚，为当地产业升级和绿色发展提供了有力支撑；其次，通过优化产业链布局和资源配置效率，这些地区可以逐步缩小与发达地区的差距，实现经济社会的全面协调发展。

如今中国呈现"重履约轻交易"的现象，即当市场机制在流动性、碳价波动及相对市场交易规模等关键指标上展现出失真迹象时，强化行政手段成为必要之举。具体而言，将碳排放控制主体的履约表现纳入环境责任评估框架，并对未履行承诺的行为实施明确的行政制裁措施，如此强有力的干预措施被证明能更有效地弥补市场机制的不足。因此，对拥有高污染、高排放产业的山西、河北、河南等省份进行更多的政策关注和行政干预，可以保障经济的高质量绿色发展。

（四）碳转出的正向扩绿增长效应

碳转出的正向扩绿增长效应在中国经济版图上呈现鲜明的区域聚集特征，以"长三角""珠三角""京津冀"三大城市群为引领，形成了绿色发展的新高地。这些区域凭借在城市制度建设、资源禀赋优势及工业发展基础等方面的综合优势，持续推动技术创新，不断提升碳汇能力，加速碳脱钩进程。同时，它们也积极激发绿色技术领域的创新活力，吸引资本向绿色产业倾斜，为经济增长与环境保护的和谐共生提供了强大动力，实现了经济效益与环境效益双赢。在这一过程中，理性的生产者成为推动绿色转型的重要力量。基于成本效益的考量，越来越多的企业开始意识到绿色转型的紧迫性和必要性，纷纷加大在绿色技术创新方面的投入力度，以提升自身的核心竞争力和产品服务的绿色化程度。这种转型不仅有助于降低企业的长期排污成本，还为企业在激烈的市场竞争中赢得了先机，而区域间的政府合作为绿色发展的协同推进注入了新的活力。通过搭建城市群合作平台，加强政府间的沟通与协作，各地区得以共享资源、互通有无，共同应对绿色转型过程中的挑战。重点合作专题工作制度及一系列配套的合作机制的建立，更是将跨区域合作推向了规范化、制度化的轨道。由此产生的合作项目、专项资金及政策协调性的提高等成果，不仅优化了营商环境、提高了全要素生产率，还进一步夯实了经济高质量发展的基础，对经济提质增效至关重要。

综上所述，GTWR 模型的结果表明，省际碳转移具有明显的四重红利效应，具体表现为碳转入的负向减污降碳效应、正向扩绿增长效应，以及碳转出的正向减污降碳效应和正向扩绿增长效应，并且四重红利效应呈现差异化空间特征。

第五节　本章小结

在"双碳"背景下，碳排放交易机制的完善进一步促进了中国省际贸易中的碳排放转移，研究碳排放转移对环境质量达标、全面绿色转型、经济高质量发展等方面的影响效应具有重要的现实意义。为此，本章采用 2012 年、2015 年和 2017 年中国省际碳排放量数据和多区域投入产出表对省际碳转移进行测算与讨论，并对减污降碳和扩绿增长两大协同效应进行潜力预测分析，采用 GTWR 模型估计了 30 个省份 2010—2020 年的碳转入和碳转出的四重红利效应，研究结论如下。

从转移特征来看，中国省际的碳排放转移展现出一种明显的地理性流动模式，即从南方省份向北方省份迁移，以及从沿海经济带逐步向内陆腹地渗透。相对于碳转出省份，碳转入省份因在制度基础、发展方向等方面的差异，在规定时间内完成"双碳"目标的难度较大。再者，得益于政策扶持、交通网络的完善及港口设施的优势，发达区域及东南沿海地带持续成为推动碳排放转移增长的关键因素。具体来说：一是经济结构与产业发展阶段的差异。南方和沿海地区往往经济更为发达，产业结构相对优化，第三产业和高新技术产业占比较高，而北方和内陆地区可能更依赖传统的重工业和资源型产业。随着产业升级和转型，南方和沿海地区的碳排放强度逐渐降低，而北方和内陆地区由于承接了部分产业转移，碳排放量可能有所增加，从而形成碳排放由南向北、由沿海向内陆的转移趋势。二是资源分布与能源消费结构的差异。北方地区煤炭资源丰富，能源消费结构相对单一，对煤炭的依赖程度较高。而南方和沿海地区由于资源相对匮乏，能源消费结构相对多元化，清洁能源的利用比例较高。这种资源分布和能源消费结构的差异导致碳排放转移的地理性特征。三是政策扶持与区域发展战略。政府在不同区域实施的发展战略和政策导向，对碳排放转移产生了重要影响。国家明确东南沿海地区作为经济发达区域，需率先实现碳达峰，并针对高耗能、高排放产业的扩张进行了严格的政策约束，导致这些地区的污染产业向北方转移。同时，国家推动制造业有序转移，鼓励东南沿海劳动密集型、高载能产业向中西部和东北地区转移，这也是推动碳排放转移增长的关键因素之一。四是交通网络的完善与港口设施的提升。随着交通网络的不断完善和港口设施的提升，发达区域及东南沿海地带的物流效率显著提高，为碳排放转移提供了便利条件。这些地区不仅吸引了大量的物资和能源输入，也促进了产品和服务的输出，从而加剧了碳排放的地理性流动。

从协同潜力来看，中国减污降碳、扩绿增长水平的协同潜力呈现关联度高、相关性强和区域差异化。欠发达地区展现出较好的减污降碳协同效能，而发达地区的进展相对滞后；中部地区的扩绿增长协同水平表现较优，而东南沿海地区的表现不佳。这主要是不同地区的经济结构、产业结构、政策环境、技术条件以及资源禀赋等多方面因素共同作用的结果。究其原因，一是减污降碳协同效能的地区差异。欠发达地区往往处于工业化和城市化初期阶段，其产业结构相对简单，高耗能、高排放的重工业比重较低，因此在减污降碳方面具有较大的提升空间。同时，这些地区在发展过程中更加注重对生态环境的保护，避免走"先污染后治理"的老路。同时，政府对于欠发达地区的生态环境保护和绿色发展给予了更多的政策倾斜和资金支持，推动了这些地区在减污降碳方面的积极探索和实践。此外，欠发达地区在引进和应用新技术、新设备方面相对灵活，能够快速适应减污降碳的需求，提高协同效能。而发达地区在经济发展过程中积累了大量的环境污染问题，治理难度较大。同时，这些地区的产业结构复杂，高耗能、高排放的企业众多，减污降碳任务繁重。发达地区往往承担着更大的经济发展压力，需要在保持经济增长的同时实现减污降碳目标，这在一定程度上限制了其协同效能的提升。二是扩绿增长协同水平的地区差异。中部地区拥有较为丰富的生态资源，为扩绿增长提供了良好的基础条件。这些地区在推进生态保护和修复方面取得了显著成效，提高了扩绿增长协同水平。另外，中部地区在发展过程中得到了政策支持，如生态补偿、绿色发展基金等，这些政策为扩绿增长提供了有力保障。东南沿海地区虽然经济发达，但其快速发展的同时也带来了环境污染和生态破坏的问题。这些地区在扩绿增长方面面临较大的压力和挑战。因此，为了进一步提升协同潜力，需要针对不同地区的实际情况制定差异化的政策措施和技术方案，加强区域合作与交流，共同推动经济社会的绿色转型和可持续发展。

从影响效应来看，省际碳转移具有明显的四重红利效应，具体表现为，碳转入的负向减污降碳效应整体呈现由东北地区向西南地区递减的态势；碳转出的正向减污降碳效应整体呈现由西南地区向东北地区递增的趋势；碳转入的正向扩绿增长效应整体呈现由以山西、河北、河南等省份为中心向全国扩散减弱的态势；碳转出的正向扩绿增长效应整体呈现"长三角""珠三角""京津冀"区域聚集的态势。由此可知，省际碳转移不仅可以有效降低碳排放水平和工业污染排放强度，还可以提高城市绿色化建设程度和经济增长质量，即有效释放降碳、减污、扩绿、增长的四重红利效应。

省际碳转移的目的是促进区域协同发展与环境质量提升、实现碳减排目标、优化资源配置与经济效益、推动绿色低碳技术创新。然而，仅凭碳转移来应对复杂的减污降碳挑战和推动绿色增长是远远不够的。为了实现更为全面和有效的目标，需要根据中国的实际情况，综合运用多种环境政策工具，形成制度合力以强化减污降碳和扩绿增长的政策效果。持续有效激发减污降碳和扩绿增长的协同潜力，需要政府、企业、社会各界共同努力，形成合力。通过制定清晰目标、强化政策引导、推动技术创新与成果转化等多措并举，逐步构建起一个低碳、绿色、循环的经济发展模式，为实现经济社会的可持续发展和全球环境治理贡献中国智慧与中国方案。

第七章 研究结论、政策建议与研究展望

前文围绕现有文献、理论机制和实证检验等方面展开研究，主要从中国省际、产业及工业分行业等角度，剖析了中国不同产业部门及工业分行业碳配额分配、市场间碳排放权交易机制、区域间碳排放转移及其协同效应。本章对研究内容和研究结论进行总结，并提出相应的政策建议，以期为中国碳排放权交易市场制度体系逐步健全、碳市场发展成效逐步彰显及减污降碳协同治理工作逐步完善提供理论指导和实践经验。

第一节 研究结论

全国统一碳市场建设是利用市场机制控制温室气体排放的关键制度设计，也是推动实现"双碳"目标的重要政策工具。如何促进中国碳排放权交易制度的优化完善，从而以更高效率、更低成本激励市场主体完成碳减排，为新质生产力发展提供不竭动力，成为实现中国全面绿色低碳转型与经济高质量发展的关键之举。与此同时，减污降碳协同治理工作也是中国迈向全面绿色转型之路的有力抓手，推进减污降碳协同增效是贯彻新发展理念，实现"双碳"和美丽中国建设目标的必然选择。然而，如何统筹碳市场建设与减污降碳协同治理工作，有效动

员社会各方主体协调合作，共同实现环境保护、气候治理与经济发展三者之间的动态均衡是当前亟待解决的难题。基于此，本书以中国碳排放及减污降碳协同效应为主线，分别从碳配额分配、碳排放权交易及碳排放转移三个层面将研究内容深入展开，从中国产业部门及工业分行业碳配额的分配与利用逐步过渡到初始碳配额补充机制的碳排放权交易，最后到碳配额与碳定价约束下的省际碳排放转移。

首先，本书通过梳理经济学相关理论，从产业部门及工业分行业的视角出发，综合运用 ZSG-DEA 模型、熵值法等方法设计了基于公平、效率和综合原则的碳配额分配方案，运用非径向方向性距离函数对碳配额的减污降碳协同效应进行了实证分析；并在此基础上，通过构建减排压力指数和减排成本模型对比分析了它们的减排效应。

其次，本书考察了作为碳排放配额补充机制下的碳排放权交易，对中国 7 个碳排放权交易试点地区 2009—2021 年的相关数据进行收集，并采用改进的熵权 -TOPSIS 法测度环境污染指数，进而结合碳排放量构造减污降碳协同治理水平，运用双重差分模型实证检验了碳排放权交易对试点地区减污降碳协同治理水平的影响，并在此基础上运用中介效应模型剖析了碳交易影响减污降碳协同增效的配置效应、技术效应与结构效应。

最后，本书考虑了在碳排放配额不足的情况下控排企业的碳排放策略选择，即基于碳排放转移的视角，通过构建多区域投入产出模型（MRIO）测算相关省份的碳排放量和碳转移量以分析省际碳转移，采用熵权 -TOPSIS 法测算环境污染指数，运用灰色关联模型分别预测减污降碳和扩绿增长的协同潜力，并构建时空地理加权回归模型分析碳转移的四重红利效应。

通过上述研究，本书得出以下研究结论。

第一，石油化工等高耗能产业在经济发展过程中排放了大量 CO_2，因此在减排责任的基础上，将减排能力纳入公平原则分配方案，既体现了产业部门间的历史排放公平，又保证了整体经济效率。效率分析表明，产业部门初始平均效率水平较低，经过 3 次迭代后更多的产业部门达到了生产前沿，且产业部门的效率明显提升。综合原则分配方案融合了两种分配方案的优势，既弥补了效率原则下缺少对减排主体的碳配额可接受程度的关注，又解决了公平原则下在经济发展和环境保护过程中忽略投入产出效率的问题。此外，在 35 个工业行业中，三种不同的碳配额分配方案均实现了工业碳配额的完全分配，且 35 个行业在能耗强度和碳强度双约束条件下的效率值优于单一约束的效率值。从减污降碳协同效应来看，工业各行业间差异明显。电力、热力生产和供应业，石油、煤炭及其他燃料加工业，黑色金属冶炼和压延加工业是中国工业碳排放的主要行业，其他行业的碳排放较少。在综合分配下，电力、热力生产和供应业，石油、煤炭及其他燃料加工业存在较大的碳配额不足，不同行业碳配额的减污降碳协同效应差别较为显著。

第二，碳排放权交易显著促进了试点地区的减污降碳协同治理水平，并且具有地理位置异质性和行政权力异质性。总体而言，相较于非试点城市，位于试点地区的减污降碳协同治理水平提高了 33%。在异质性分析中，一方面，囿于西部地区经济发展水平和产业结构较落后，高耗能、高排放的产业比重较大，碳排放权交易市场体系尚不成熟等条件，产生的减污降碳协同效应更弱，而东部和中部试点地区的减污降碳协同效应更强。同时，相对于非试点城市，位于东部、中部地区的试点城市减污降碳协同治理水平分别提高了 18%、47%。另一方面，由于直辖市的碳排放权交易市场存在一定的饱和现象，在成熟的市场中，企业对碳排放权的需求和供应的稳定性使政策对市场的刺激作用相对有限。因此，相对于直辖市试点城市，副省级城市及地级市的碳排放权交易政策对所在地区的减污降碳协同治理水平的作用更明显；相对于非试点城市，副省级试点城市、地级市试点城市的减污降碳协同治理水平分别提高了 71.1%、33.5%。

第三，碳排放权交易主要通过优化配置效应、提高技术效应、改善结构效应，推进减污降碳协同增效，提高试点地区的减污降碳协同治理水平。具体而言，在基准回归中，相较于非试点城市，政策实施试点城市的减污降碳协同治理水平提高了33%；在配置效应中，碳排放权交易政策通过优化试点地区的能源消耗结构，使化石能源的消耗在总消耗中所占比重下降，进而提高了试点地区的减污降碳协同治理水平，且相较于非试点城市，政策实施后试点城市的能源消耗结构较政策实施前改善了12%；在技术效应中，碳排放权交易政策通过促进试点地区绿色技术创新水平的提高，加大了其对绿色技术的研发与应用力度，进而提高了其减污降碳协同治理水平，且相较于非试点城市，政策实施后的试点城市较政策实施前的技术创新水平提高了6.65%；在结构效应中，碳排放权交易政策通过优化试点地区的产业结构，促进其产业结构升级，进而提高了试点地区的减污降碳协同治理水平，且相较于非试点城市，政策实施后的试点城市较政策实施前的产业结构高级化水平提高了7.7%。

第四，中国省际的碳排放转移展现出明显的地理性流动模式，即从南方省份向北方省份迁移，以及从沿海经济带逐步向内陆腹地渗透。究其原因，一方面是相对于碳转出省份，碳转入省份的碳规制较为宽松，短期内该地区的碳排放量不但不会减少，反而有可能增加，进而其在规定时间内完成"双碳"目标的难度较大；另一方面是南方省份，尤其是沿海地区，相较于北方省份经济更加发达且工业化和城市化水平较高，随着该地区产业结构的转型升级，大部分工业产业逐渐朝着生态化方向转型发展，一些高能耗、高排放的产业只能被迫逐渐向内陆或北方地区转移。此外，得益于政策扶持、交通网络的完善及港口设施的优势，发达区域及东南沿海地带持续成为推动碳排放转移增长的关键因素。

第五，中国省际碳转移不仅可以有效降低碳排放水平和工业污染排放强度，还可以提高城市绿色化建设程度和经济发展质量，有效释放降碳、减污、扩绿、增长的四重红利效应，且该效应存在区域异质性。具体而言，中国减污降碳、扩绿增长水平的协同潜力关联度高、相关性强。但由于不同地区的经济结构、产业结构、政策环境、技术条件及资源禀赋等多方面因素的影响，欠发达地区展现出较好的减污降碳协同效能，而发达地区的进展相对滞后；中部地区的扩绿增长协同水平表现较优，而东南沿海地区的表现不佳。此外，碳转移的多重协同效应还存在空间演化特征，具体表现为，碳转入的负向减污降碳效应整体呈现由东北地区向西南地区递减的趋势；碳转出的正向减污降碳效应整体呈现由西南地区向东北地区递增的趋势；碳转入的正向扩绿增长效应整体呈现由以山西、河北、河南等省份为中心向全国扩散减弱的态势；碳转出的正向扩绿增长效应整体呈现"长三角""珠三角""京津冀"区域聚集的态势。

通过以上总结表明，基于中国现阶段碳配额分配与碳交易情况，综合原则下的碳配额分配方案充分平衡了能源消耗、碳排放水平差异，并且能够兼顾环境效率和经济效益，要优于其他两种方案，更容易被产业部门接受。在进一步分析中，作为初始碳配额补充机制的碳排放权交易能通过清洁能源利用、绿色技术创新及产业结构升级提高所在地区的减污降碳协同治理水平，且该影响存在区域异质性。综合考虑企业在碳配额不足及碳交易成本过高的另一种策略选择下，其进行省际的碳排放转移能够激发多重红利效应。

第二节　政策建议

根据研究结论，为优化中国碳配额分配方案，健全中国碳排放权交易市场体系及推进中国大气污染防治与温室气体协同控制工作提质增效，本书提出如下政策建议。

一、构建公平高效的碳配额体系

（一）优化碳配额综合分配方案

设计兼具激励性、包容性的碳配额综合分配方案，兼顾公平发展与全局效率。碳排放交易机制是平衡经济发展与环境保护的有效手段，科学合理地分配碳配额非常关键，建议在碳达峰目标节点前，严格执行约束指标，确立基于多原则的碳配额分配。需要注意的是，碳配额的分配要循序渐进，不仅要注意控制碳排放权的产业部门及各行业的公平性，确保控排产业部门及各行业与非控排产业部门及各行业间具有公平性，做到对不同行业进行合理分配；而且需要综合多种原则设计分配方案，分配方案应在综合考虑发展计划、相关项目，保障减排目标顺利实现的同时更好地匹配国家发展战略和政策。未来，碳配额分配应综合能源结构、人口规模和经济水平等因素，结合当前中国国情，制定容易被更多减排主体所接受的分配方案；应发展低碳产业提升生态效率水平，实现碳配额指标盈余，进而促成碳配额交易来获得横向财政转移支付和科研创新力量，不断将资源优势转化为经济优势，实现经济效益和生态效益的双赢。

（二）形成政府与市场的治理合力

发挥政府统筹和市场机制的协同作用。政府相关部门进行统筹规划，在碳配额总量既定的情况下进行有序调整；而有效的市场交易制度可以促使参与主体充分考虑减排成本和收益，从而作出碳交易决策，增强配额流动性。二者结合具有显著的减排效应且能够保证整体经济效益，共同促进碳达峰目标的实现。因此，政府应加大对碳市场建设的投入力度，做好地方碳市场与全国碳市场的对接工作，侧重建立统一的碳交易平台，扩大碳交易的产业部门覆盖率，鼓励和督促参与主体积极交易和主动履约。市场层面应完善碳交易市场定价机制并创新多元化市场主体，推动全国碳市场与地方试点的互联互通，形成统一的碳价信号，同时允许金融机构、投资基金等第三方参与碳市场，形成"企业＋金融机构＋中介服务"的生态闭环。

（三）制订差异化减排计划

减排施策应重点关注不同地区、不同行业及产业间的差异性及关联性，兼顾生产侧与消费侧的低碳化。应事先对各地区、各行业的经济发展状况、产业结构、能源消费结构、碳排放现状等进行全面调研，了解不同地区、不同行业的实际情况和差异，并建立碳排放数据监测体系，定期收集和分析碳排放数据，为制定碳配额分配方案提供数据支持。高碳行业的碳配额政策应动态调整，同时合理优化产业结构和资源配置，加大技术投入和开发利用新能源、清洁能源的力度，提高碳排放效率。对重点产业部门需精准施策，发挥碳配额的中间变量作用，提高节能减排政策的有效性。针对重点减排的电力部门，加强碳市场与电力市场的联动，降低高碳燃煤机组的利润空间和市场份额，同时增加低效高能发电企业的额外利润，并且通过发挥碳价信号作用，促进实现低碳减排目标。针对隐含碳配额小且边际减排成本较高的产业部门，除了利用市场化的降碳方式，更需注重培养减污降碳的内生动力，如提高能源利用效率、加大化石能源的消费替代力度和强化低碳科技项目的攻关等，从而促进"双碳"目标的实现。

二、优化工业行业碳市场逐步扩容策略

（一）立足行业特征，扩大碳市场行业覆盖范围

根据行业特征，对各个行业的碳排放情况进行全面评估，制定差异化的纳入标准及具体的碳交易规则和管理措施，确保碳市场的有效运行。对于高排放、高污染的行业，如电力、石油化工、建材等，应优先纳入碳市场；对于排放较低但

具有较大减排潜力的行业，如钢铁、有色金属、造纸等，应逐步纳入碳市场。目前，中国的碳排放主要集中在发电、钢铁、建材、有色金属、石油、造纸、航空等行业，这些行业占到了中国 CO_2 排放量的 75% 左右。虽然其他几个行业尚未纳入全国碳市场，但是对它们进行碳排放核算报告核查已是常态化。对于未纳入全国碳市场的行业，可以考虑借鉴试点碳市场的经验，从地区和行业层面综合考虑逐步将其纳入全国碳市场行业的覆盖范围，让更多的行业参与到碳市场中进行自由交易，从而更好地借助市场机制的作用助力碳减排。

（二）完善市场机制，提升碳市场运行效率

结合现有碳市场运行的成效与不足，逐步探索形成动态调整配额分配方式。建立基于行业碳排放强度基准线的配额分配体系，结合企业技术水平、生产规模等差异化因素，实施弹性配额机制。创新"基准线＋动态调整系数"模式，对高耗能、高排放行业设置更严格的配额上限，对低碳技术领先企业给予额外配额奖励。丰富交易品种与机制，推出碳期货、碳期权等金融衍生工具，增强市场流动性和价格发现功能。试点"碳普惠"机制，鼓励中小企业通过节能技术、绿色供应链管理等方式参与碳交易，激活中小微企业的减排潜力。强化市场监管与履约约束，建立统一的碳排放数据监测、报告和核查平台，应用物联网、区块链等技术提升数据准确性。加大对未履约企业的惩罚力度，将碳市场履约情况纳入企业信用评价体系，形成"守信激励、失信惩戒"的长效机制。

（三）强化数据管理，夯实碳市场运行基础

分层级进一步夯实碳排放数据的管理根基，激发碳市场建设并发展内生动力。温室气体排放的数据质量是保障全国碳排放权交易市场健康有序发展的生命线，也是市场健康运行的基础和前提。全面准确真实的碳排放数据不仅是全国碳排放权交易市场扩容、增加市场活力的基础，也是影响当前全国碳排放权交易市场温室气体减排成效的关键要素。应开发工业行业碳排放智能监测平台，集成物联网、卫星遥感等技术，实现重点企业生产过程碳排放实时追踪。统一钢铁、有色金属等行业碳排放核算标准，制定造纸、航空等特殊行业的碳计量方法学，确保数据的可比性和权威性。提升企业碳管理能力，开展工业企业碳管理专项培训，重点培养碳排放核算、碳交易策略制定等专业人才。支持第三方碳服务机构发展，为中小企业提供碳盘查、减排方案设计、碳资产托管等全链条服务。建立市场风险预警与响应机制，开发碳市场价格波动预测模型，对电力、钢铁等敏感行业设置价格异常波动熔断机制。设立碳市场风险储备基金，通过配额回购、应急拍卖等工具平抑市场剧烈波动，保障工业企业平稳过渡。

三、加强碳市场深化与区域合作协同

（一）丰富碳市场参与主体

允许更多非履约如金融机构等主体入市交易，丰富交易主体。当前碳市场主要覆盖电力行业，未来应逐步将覆盖范围扩大至其他高排放行业，如钢铁、化工、建材等。除现有的重点排放单位外，还应鼓励金融机构、投资机构、个人投资者等更多市场主体参与碳市场交易。这不仅可以提高碳市场的流动性，还可以促进碳市场与金融市场的深度融合。此外，应维护各参与主体的利益，加强全国碳排放权交易系统的建设和维护，提高交易系统的稳定性和安全性，优化交易流程，为各参与主体提供便利；建立健全信息披露制度，及时、准确、全面地披露碳市场交易信息和企业碳排放信息，提高市场的透明度和公信力，为各参与主体营造良好的经商环境。

（二）创新碳市场机制与技术赋能路径

根据各地区减排潜力和减排成本的变化，进一步创新碳配额分配机制。探

索建立基于行业碳排放强度基准线的弹性配额分配机制，结合经济发展水平、产业结构特征实施差异化调控。探索"基准线＋调整因子"的动态分配模式，将可再生能源消纳比例、能效提升等指标纳入配额调整参数，增强市场调节的精准性。拓展碳金融产品矩阵，开发碳期货、碳期权等衍生品工具，建立碳资产质押融资、碳债券发行等标准化流程。试点碳汇收益权证券化，推动绿色信贷与碳市场联动机制，构建覆盖碳资产开发、交易、融资的全链条金融服务体系。强化数字技术深度应用，搭建区块链碳交易溯源平台，实现排放数据实时上链存证。引入 AI 预测模型优化配额分配方案，运用大数据分析市场价格波动规律，加强试点碳市场与电力现货市场数据交互，探索建立多市场协同调控机制。创新碳普惠激励机制，构建个人碳账户体系，将绿色出行、节能消费等行为转化为碳积分。建立中小企业碳管理云平台，开发适合中小微企业的轻量化碳交易产品。探索碳普惠机制与地方政府补贴、商业折扣的联动模式，形成全民参与的市场生态。

（三）建立跨区域合作机制

一方面，各参与区域应签订具有法律约束力的合作协议，明确合作内容、方式、期限及各方责任等；另一方面，应成立跨区域的碳市场合作协调机构，负责合作事项的日常管理和协调工作。根据合作协议和实际情况，合作协调机构可以制定详细的合作规则和操作指南，确保合作过程的规范性和可操作性。此外，在现有碳市场的基础上，推动建立跨区域碳交易平台，实现不同区域碳排放权的自由流通和交易。同时，研究制定跨区域碳配额互认机制，允许各区域根据自身实际情况和减排目标，相互认可对方的碳配额。鼓励各区域联合实施低碳减排项目，如清洁能源项目、节能减排技术改造项目等，共同推动区域低碳经济发展。

四、深化精准政策引导与减污降碳协同

（一）完善交易市场与低碳转型

在推进区域碳转移的过程中，需因地制宜，实施科学严谨的规划布局，合理引导区域碳转移，以确保各项政策精准契合各区域的发展实际与绿色转型需求。这一过程不仅是对现有发展模式的一次深刻调整，更是对未来可持续发展蓝图的重要绘制。针对碳转入区域，首要任务是建立健全全国统一的碳排放权交易市场，完善碳交易市场的定价机制、监管机制和交易规则，增强碳交易市场的活跃度和有效性，促进碳排放权的合理流动和优化配置。同时，应建立健全监管体系与交易规则，提升市场的透明度与公信力，进而激发市场活力，促进碳排放权的高效流通与优化配置。此外，应加大对低碳技术创新的支持力度，聚焦清洁能源、碳捕集、利用与封存，以及高效节能技术等前沿领域，鼓励产学研深度融合，形成一批技术成熟、易于推广的低碳技术解决方案，加速其在各行业的渗透与应用，为区域经济的绿色转型提供坚实的技术支撑。

（二）协同减污降碳与扩绿增长并进

减污降碳协同效应的本质是通过碳减排、污染防治、生态产品服务和绿色低碳发展的"组合拳"来提高产业的"含绿量"。为此政府应构建以减污为重点战略方向的协同降碳新格局，制定清晰、可量化的减污降碳和扩绿增长目标，通过目标统筹与资源共享，因地制宜设计减污降碳协同治理方案；加强碳排放监测与管理，推动工业结构调整，努力降低高污染、高能耗行业的比重。在能源结构上，推进绿色能源在工业领域的应用，挖掘自身节能减排潜力，调节能源消费结构；大力推进工业节能降碳，壮大绿色发展新动能，大力推动战略性新兴产业、高技术产业、装备制造业等发展，促进工业全面绿色转型及减污降碳协同增效。

（三）构建智慧化监测评估与政策响应体系

充分发挥数字化应用在低碳减排工作中的技术引领作用，建立多维度碳监测网络。整合卫星遥感、地面观测、企业在线监测数据，构建"空天地一体化"的碳监测体系。开发重点行业碳排放过程追踪系统，实现生产环节碳足迹全流程可追溯。建立城市级碳排放在线核算平台，实时反映区域碳强度变化趋势。创新政策工具组合机制，设计差异化的行业碳减排路线图，建立"总量控制＋行业标杆＋技术补贴"的政策工具箱。搭建"碳达峰""碳中和"数字孪生平台，模拟不同政策情景下的减排路径。开发企业碳管理智能诊断系统，提供个性化减排方案建议。建立跨部门数据共享机制，实现生态环境、经济发展等数据的综合分析应用。强化动态评估与风险预警，制定碳市场风险评估指标体系，建立价格异常波动预警机制。开发碳泄漏风险评估模型，防范产业转移带来的碳排放转移。定期发布区域碳减排进展报告，增强政策实施的透明度。

第三节　研究展望

近年来，中国愈加重视生态文明建设，并先后作出建立全国统一的碳排放权交易市场机制与降碳、减污、扩绿、增长协同机制的顶层设计。碳市场作为中国碳减排的主战场，减污降碳协同作为中国统筹环境保护与气候治理的关键之举，如何利用好碳交易市场机制为中国推进减污降碳协同治理工作不断赋能是当前资源与环境经济学领域亟须研究的重要课题。本书在梳理已有文献的基础上，对相关理论模型进行了进一步拓展，以揭示资源与环境经济学领域的内在机制与规律。具体而言，本书以碳排放为主线，结合中国碳排放权交易市场的内在逻辑与运作机制，逐层拨开其神秘面纱。首先，本书从碳市场交易的源头碳配额分配出发，考察了中国产业部门与工业分行业基于公平、效率和综合原则的碳配额分配方案的设计及其减污降碳协同效应，为中国相关部门的碳配额分配政策制定、减排主体的成本效益计算及碳交易选择等提供参考；其次，在研究碳配额分配的基础上，针对初始碳配额供需失衡的情况，深入探讨了以其他产业富余碳配额与CCER为交易主体的碳排放权交易及其对所在地区产生的减污降碳协同效应；再次，以上述研究内容为基础，进一步考察了基于初始碳配额不足和碳排放权定价过高约束下的省际碳转移，以及由于企业进行省际碳转移带来的多重红利效应——降碳、减污、扩绿、增长协同效应；最后，根据研究结论，笔者提出了相应的政策建议。然而，囿于笔者学识水平，尽管本书在碳排放权交易市场机制与减污降碳协同方面取得了一定的研究成果，但仍然存在一些不足之处，具体如下。

第一，本书关于碳配额分配的量化分析仅限于产业部门与工业行业层面，缺乏更为开阔的研究视角。限于数据的可得性，在第四章，本书主要基于产业与工业分行业的视角针对不同分配原则下的碳配额分配进行最优方案的设计及减污降碳协同效应的考察。然而，中国行业种类众多，诸多行业的区分和界定标准不一，分类过细会导致操作难度加大，分类过粗会弱化分配方案的针对性。显然，基于行业异质性，建立一个比较科学合理的理论模型来更加全面、准确地探究行业碳配额定量分配还存在诸多挑战。

第二，本书在考察碳排放权交易的减污降碳协同效应方面，研究内容亟待创新与完善。在第五章，本书依据中国在2013年批准并落地实施的碳排放权交易试点工作部署，将北京、天津、上海、重庆、广东、湖北、深圳七个试点地区作为主要的研究对象，考察了碳排放权交易对七个试点地区的减污降碳协同治理水平的影响。然而，目前我国碳排放权交易试点还新增了福建，即共在八个地区开展碳排放权交易试点。囿于时间因素与数据的可得性，本书未将福建纳入考察范围，未来亟须将其列入碳排放权交易政策量化评估的一部分。

　　第三，本书在探讨中国省际碳转移方面，缺乏对政策环境与外部变量的考虑。碳排放转移受多种因素影响，包括政策环境、技术进步与国际贸易等。在第六章的研究过程中，虽然考虑了部分外部变量的影响，但未能全面涵盖所有关键因素。例如，省际贸易中隐含碳转移、技术进步对碳排放的影响等，均需在未来的研究中进行深入探讨。此外，未来也可从国际贸易的宏观视角，针对国际碳转移方面的协同研究、动态驱动力与机制揭示、碳转移减排创新机制、政策模拟与评估等相关内容进行创新性研究。

　　以上就是本书的不足之处与研究展望，希望上述问题可以成为资源与环境经济学研究领域持续关注的话题并得到更加充实的理论研究与实践应用，从而促进相关领域研究的逐步深入，为国内外在空气污染与气候变化、治理体系与实践方面提供切实有效的政策参考。

参考文献

[1] Alajmi R G. Factors that impact greenhouse gas emissions in Saudi Arabia: Decomposition analysis using LMDI[J]. Energy Policy, 2021, 156 (16): No.112454.

[2] Azzeh M, Neagu D, Cowling P I .Fuzzy grey relational analysis for software effort estimation[M]. Boston: Kluwer Academic Publishers, 2010.

[3] Caciagli V. Emission trading schemes and carbon markets in the NDCs: Their contribution to the Paris Agreement [M] //Theory and Practice of Climate Adaptation. Heidelberg: Springer, 2018.

[4] Cai W, Ye P. A more scientific allocation scheme of carbon dioxide emissions allowances: The case from China[J]. Journal of Cleaner Production, 2019, 215: 903–912.

[5] Cantore N. Social preferences and environmental Kuznets curve in climate change integrated assessment modelling [J]. International Journal of Global Environmental Issues, 2010, 10 (2): 123–142.

[6] Cao Y, Zhao Y H, Wang H X, et al. Driving forces of national and regional carbon intensity changes in China: Temporal and spatial multiplicative structural decomposition analysis[J]. Journal of Cleaner Production, 2019, 213: 1380–1410.

[7] Chen H, Wang Y, Kang H. Research on the relationship between China's carbon emission, economic growth and the development of new energy industry[J]. E3S

Web of Conferences, 2021, 248: No.02040.

[8] Chen J, Yu W. The effectiveness of dual regulation and synergistic governance of market–incentivized carbon reduction policies and public environmental supervision: A study based on the sustainable development performance of listed companies in China[J]. Frontiers in Environmental Economics, 2024, 3: No.1326960.

[9] Chen M, Li Y, Gong Y, et al. The population distribution and trend of urbanization pattern on two sides of Hu Huanyong population line: A tentative response to Premier Li Keqiang[J]. Acta Geographica Sinica 2016, 71 (12): 179–193.

[10] Chen X, Chen Y E, Chang C P.The effects of environmental regulation and industrial structure on carbon dioxide emission: A non–linear investigation[J]. Environmental Science and Pollution Research, 2019, 26 (29): 30252–30267.

[11] Chen X, Wang X. Effects of carbon emission reduction policies on transportation mode selections with stochastic demand[J]. Transportation Research Part E, 2016, 90: 196–205.

[12] Chen Z, He Y, Liao N. Can carbon emission trading policy enhance the synergistic emission reduction of carbon dioxide and air pollutants? A comparative study considering different pollutants[J]. Energy, 2024, 305 (C): No.132364.

[13] Chen Z, Wen Z. Multi–scale analysis and synergistic scenario simulation of pollution and carbon reduction efficiency in Guangdong–Hong Kong–Macao Greater Bay Area[J]. Journal of Computer Science and Technology Studies, 2022, 4 (2): 148–156.

[14] Chu H, Liu M K, Wang M J, et al. Measurement and analysis of the comprehensive emission intensity and coupling coordination relationship of carbon dioxide emissions and pollutant emissions in the Yangtze River Delta urban agglomeration[J]. Atmospheric Pollution Research, 2023, 14: No.101897.

[15] Coase R H. The problem of social cost[J]. Journal of Law and Economics,

1960(3): 1-44.

[16] Cucchiella F, D'Adamo I, Gastaldi M, et al. Efficiency and allocation of emission allowances and energy consumption over more sustainable European economies[J]. Journal of Cleaner Production, 2018, 182: 805-817.

[17] Dales J. Pollution, Property and Prices[M]. Toronto: University of Toronto Press, 1968.

[18] Darnall N, Pavlichev A. Environmental policy tools & firm-level management practices in the United States[J]. Social Science Electronic Publishing, 2007, DOI: 10.2139/ssrn.1030609.

[19] Dong K, Zhao J, Hesary F T, et al. Do new energy vehicles and smart transportation matter in inhibiting carbon inequality[J]. SSRN Electronic Journal, 2023, DOI: 10.2139/ssrn.4378138.

[20] Färe R, Grosskopf S, Lindgren B, et al. Productivity changes in Swedish pharamacies 1980-1989: A non-parametric Malmquist approach[J]. Journal of Productivity Analysis, 1992, 3(1): 85-101.

[21] Färe R, Grosskopf S, Carl A, et al. Tradable permits and unrealized gains from trade[J]. Energy Economics, 2013(40): 416-424.

[22] Feng L, Shirong L, Chunwei C, et al. Operation optimization of regional integrated energy system considering the responsibility of renewable energy consumption and carbon emission trading[J]. Electronics, 2021, 10(21): 2677-2677.

[23] Fotheringham A S, Yang W, Kang W. Multiscale Geographically Weighted Regression (MGWR)[J]. Annals of the American Association of Geographers, 2017, 107(6): 1247-1265.

[24] Fukuyama H, Weber W L. A directional slacks-based measure of technical inefficiency[J]. Socio-Economic Planning Sciences, 2009, 43(4): 274-287.

［25］Gan T, Zhou Z, Li S, et al. Carbon emission trading, technological progress, synergetic control of environmental pollution and carbon emissions in China［J］. Journal of Cleaner Production, 2024（25）: 1–12.

［26］Gao Y N, Li M, Xue J J, et al. Evaluation of effectiveness of China's carbon emissions trading scheme in carbon mitigation［J］. Energy Economics, 2020, 90: No.104872.

［27］Gomes E G, Lins M P E. Modelling undesirable outputs with zero sum gains data envelopment analysis models［J］. Journal of the Operational Research Society, 2008, 59（5）: 616–623.

［28］Gonzalez P F, Presno M J, Landajo M. Tracking the change in Spanish greenhouse gas emissions through an LMDI decomposition model: A global and sectoral approach［J］. Journal of Environmental Sciences, 2024, 139: 114–122.

［29］Hajiyev N, Guliyev V, Abdullayevas S, et al. Energy intensity of the economy in the context of rethinking growth within a limited planet［J］. Energy Strategy Reviews, 2023, 50: No.101246.

［30］Han D R, Diao Y X, Ding Y, et al. Research on the dynamic evolution and convergence of collaborative capacity of pollution control and carbon reduction: From the perspective of whole–process governance［J］. Environmental Science and Pollution Research International, 2023, 30（46）: 103179–103197.

［31］He Y, Wei Y, Fang Y, et al. Booming or sinking: How does an emission trading scheme affect enterprise value?［J］. Chinese Journal of Population, Resources and Environment, 2022, 20（3）: 227–236.

［32］Höhne N, Elzen M D, Escalante D. Regional GHG reduction targets based on effort sharing: A comparison of studies［J］. Climate Policy, 2014, 14（1）: 122–147.

［33］Jaffe A B, Stavins R N. Dynamic incentives of environmental regulations:

The effects of alternative policy instruments on technology diffusion [J]. Journal of Environmental Economics and Management, 1995, 29 (3): S43–S63.

[34] Jiang F, Chen B, Li P, et al. Spatio–temporal evolution and influencing factors of synergizing the reduction of pollution and carbon emissions–utilizing multi-source remote sensing data and GTWR model [J]. Environmental Research, 2023, 229: No.115775.

[35] Jiang X, Chen Q, Guan D, et al. Revisiting the global net carbon dioxide emission transfers by international trade: The impact of trade heterogeneity of China [J]. Journal of Industrial Ecology, 2016, 20 (3): 506–514.

[36] Jiang Z, Lyu P. Stimulate or inhibit? Multiple environmental regulations and pollution–intensive Industries' Transfer in China [J]. Journal of Cleaner Production, 2021, 328: 129528.

[37] Jin H. Synergistic effect of pollution reduction and carbon emission mitigation in the digital economy [J]. Journal of Environmental Management, 2023, DOI: 10.1016/j.jenvman.2023.117755.

[38] Li G, Zhao B. Environmental and economic policy reform and innovation of air pollutant control and carbon emission reduction under the background of behavioral cognitive impairment [J]. Psychiatria Danubina, 2021, 33 (S8): 422–423.

[39] Li Y L, Liu L, Yu H, et al. Synergy of developed micropores and electronic structure defects in carbon–doped boron nitride for CO_2 capture [J]. The Science of the Total Environment, 2021, 811: No.151384.

[40] Li Y Q, Tang Y H, Wu Q, et al. Synergism of nitrogen removal and greenhouse gases emission reduction in pyrite/biochar–based bioretention system coupled with microbial fuel cell: Performance and mechanism [J]. Journal of Cleaner Production, 2024, 434: No.140420.

[41] Li Z W, Chen J D, Wang P, et al. The synergy between temporal and spatial effects of human activities on CO_2 emissions in Chinese cities [J]. Environmental Impact Assessment Review, 2023, 103: No.107264.

[42] Lins M P E, Gomes E G. Olympic ranking based on a zero-sum gains DEA model [J]. European Journal of Operational Reasearch, 2003, 148: 313-322.

[43] Liu F F. Problems in environmental monitoring analysis methods and improvement strategies [J]. Environment and Development, 2018, 30 (6): 130-132.

[44] Liu J Y, Zhang Y J. Has carbon emissions trading system promoted non-fossil energy development in China? [J]. Applied Energy, 2021, 302: No.117613.

[45] Liu W M, Qiu Y T, Jia L J, et al. Carbon emissions trading and green technology innovation—A quasi-natural experiment based on a carbon trading market pilot [J]. International Journal of Environmental Research and Public Health, 2022, 19 (24): No.16700.

[46] Liu X G, Ji Q, Yu J. Sustainable development goals and firm carbon emissions: Evidence from a quasi-natural experiment in China [J]. Energy Economics, 2021, 103: No.105627.

[47] Liu X J, Jin X B, Luo X L, et al. Quantifying the spatiotemporal dynamics and impact factors of China's county-level carbon emissions using ESTDA and spatial econometric models [J]. Journal of Cleaner Production, 2023 (15): 1-14.

[48] Liu Z, Guan D, Wei W, et al. Reduced carbon emission estimates from fossil fuel combustion and cement production in China [J]. Nature, 2015, 524 (7565): 335-338.

[49] Mercure J, Knobloch F, Pollitt H, et al. Modelling innovation and the macroeconomics of low-carbon transitions: theory, perspectives and practical use [J]. Climate Policy, 2019, 19 (8): 1019-1037.

[50] Ou Y F, Bao Z K, Ng S T, et al. Land-use carbon emissions and

built environment characteristics: A city-level quantitative analysis in emerging economies[J]. Land Use Policy, 2024, 137: No.107019.

[51] Ouyang X, Li Q, Du K. How does environmental regulation promote technological innovations in the industrial sector? Evidence from Chinese provincial panel data[J]. Energy Policy, 2020, 139: No.111310.

[52] Qi X, Han Y. The impact of technological innovation for emission reduction on decision-making for intertemporal carbon trading[J]. Computers and Industrial Engineering, 2023, 186: No.109739.

[53] Samuelson P A. The pure theory of public expenditure[J]. The review of economics and statistics, 1954, 36(4): 387-389.

[54] Sangguinet E R, Azzoni C R. Carbon emissions drivers in Brazilian regional production chains: Value-added and consumption-based approaches[J]. Regional Science Policy and Practice, 2024, 16(8): No.100015.

[55] Shahbaz M, Loganathan N, Muzaffar A T, et al.How urbanization affects CO_2 emissions in Malaysia? The application of STIRPAT model[J]. Renewable and Sustainable Energy Reviews, 2016, 57: 83-93.

[56] Shan Y, Guan D, Zheng H, et al. China CO_2 emission accounts 1997-2015[J]. Scientific Data, 2018, 5: 170201.

[57] Shen Y C, Hoogh K D, Schmitz O, et al. Europe-wide air pollution modeling from 2000 to 2019 using geographically weighted regression[J]. Environment International, 2022, 168: No.107485.

[58] Shin H S, Shyur H J, Lee E S.An extension of TOPSIS for group decision making[J]. Mathematical and Computer Modelling, 2007, 45(7-8): 801-813.

[59] Steen-Olsen K, Weinzettel J, Cranston G.Carbon, land, and wafer footprint accounts for the European Union: Consumption, production, and displacements through

international trade [J] . Environmental Science & Technology: ES&T, 2012, 46 (20) : 10883–10891.

[60] Su B, Ang B W .Multi–region input–output analysis of CO_2 emissions embodied in trade: The feedback effects [J] . Applied Energy, 2014, 114 (24) : 377–384.

[61] Sun L, Cao X, Alharthi M, et al. Carbon emission transfer strategies in supply chain with lag time of emission reduction technologies and low–carbon preference of consumers [J] . Journal of Cleaner Production, 2020, 264: No.121664.

[62] Sun L, Wang Q, Zhou P, et al. Effects of carbon emission transfer on economic spillover and carbon emission reduction in China [J] . Journal of Cleaner Production, 2016, 112 (Part 2): 1432–1442.

[63] Tahereh J, Yeneneh A M, Adewole J, et al. Chapter 10 – Current advances, challenges, and prospects of CO_2 capture, storage, and utilization [M] . Amsterdam: Elsevier, 2022.

[64] Tone K, Tsutsui M. An epsilon– based measure of efficiency in DEA–A third pole of technical efficiency [J] . European Journal of Operational Research, 2010, 207 (3): 1554–1563.

[65] Wang C, Duan W, Cheng S, et al. Synergistic effects and optimal control strategies of air pollutant and carbon emission reduction from mobile sources [J] . Journal of Cleaner Production, 2024, 478: No.143824.

[66] Wang J S, Wang C X, Yu S K, et al. Coupling coordination and spatiotemporal evolution between carbon emissions, industrial structure, and regional innovation of counties in Shandong province [J] . Sustainability, 2022, 14 (12): No.7484.

[67] Wang J, Wang W, Ran Q, et al. Analysis of the mechanism of the impact of internet development on green economic growth: Evidence from 269 prefecture cities in China [J] . Environmental Science and Pollution Research, 2022 (7): 990–1004.

［68］Wang Q, Gao C Y, Dai S P.Effect of the emissions trading scheme on CO_2 abatement in China［J］. Sustainability, 2019, 11（4）: 1–13.

［69］Wang Y L, Qin Y M, Du B X, et al. Operational optimization of an integrated electricity–thermal energy system considering demand response under a stepped carbon trading mechanism［J］. Journal of Physics: Conference Series, 2022, DOI: 10.1088/1742–6596/2396/1/012056.

［70］Wang Y N, Wang X R, Chen W, et al.Exploring the path of inter–provincial industrial transfer and carbon transfer in China via combination of multi–regional input–output and geographically weighted regression model – ScienceDirect［J］. Ecological Indicators, 2021, 125: No.107547.

［71］Wang Z, Zhou Y. Research on the effects of R&D expenditures on carbon emission intensity and enterprise value［C］//Information Engineering Research Institute, USA. Proceedings of 2014 4th International Conference on Applied Social Science（ICASS 2014）, 2014.

［72］Wei L, Qi W, Baihui J, et al. Multiregional input – output analysis of carbon transfer in interprovincial trade and sectoral strategies for mitigation: Case study of Shanxi province in China［J］. Journal of Cleaner Production, 2023（10）: 1–12.

［73］Wei M, Cai Z, Song Y, et al. Spatiotemporal evolutionary characteristics and driving forces of carbon emissions in three Chinese urban agglomerations［J］. Sustainable Cities and Society, 2024, 104: No.105320.

［74］Wu H Y, Qiu Y G, Yin L, et al. Effects of China's land–intensive use on carbon emission reduction: A new perspective of industrial structure upgrading［J］. Frontiers in Environmental Science, 2022, DOI: 10.3389/fenvs.2022.1073565.

［75］Wu J Q, Chen Y, Yu L, et al. Coupling effects of consumption side renewable portfolio standards and carbon emission trading scheme on China's power sector: A system dynamic analysis[J]. Journal of Cleaner Production, 2022, 380: No.134939.

[76] Xian B T, Wang Y N, Xu Y L, et al. Assessment of the co-benefits of China's carbon trading policy on carbon emissions reduction and air pollution control in multiple sectors[J]. Economic Analysis and Policy, 2024, 81: 1322-1335.

[77] Xu B, Lin B Q. Regional differences in the CO_2 emissions of China's iron and steel industry: Regional heterogeneity[J]. Energy Policy, 2016(88): 422-434.

[78] Yan X, He T. Wish fulfilment or wishful thinking?—Assessing the outcomes of China's pilot carbon emissions trading scheme on green economy efficiency in China's cities[J]. Energy Policy, 2024, 192: No.114261.

[79] Yan Y, Zhang X, Zhang J, et al. Emissions Trading System (ETS) implementation and its collaborative governance effects on air pollution: The China story[J]. Energy Policy, 2020, 138: No.111282.

[80] Yang W X, Yuan G H, Han J T. Is China's air pollution control policy effective? Evidence from Yangtze River Delta cities[J]. Journal of Cleaner Production, 2019, 220: 110-133.

[81] Yu Y N, Zhang X Y, Liu Y X, et al. Carbon emission trading, carbon efficiency, and the porter hypothesis: plant-level evidence from China[J]. Energy, 2024, 308: No.132870.

[82] Yu Y, Liu H R. Economic growth, industrial structure and nitrogen oxide emissions reduction and prediction in China[J]. Atmospheric Pollution Research, 2020, 11(7): 1042-1050.

[83] Yuan B L, Xiang Q L. Environmental regulation, industrial innovation and green development of Chinese manufacturing: Based on an extended CDM model[J]. Journal of Cleaner Production, 2018, 176: 895-908.

[84] Zeng C Y, Wu S H, Zhou H, et al. The impact of urbanization growth patterns

on carbon dioxide emissions: Evidence from Guizhou, west of China [J]. Land, 2022, 11 (8): No.1211.

[85] Zha Q F, Liu Z, Wang J. Spatial pattern and driving factors of synergistic governance efficiency in pollution reduction and carbon reduction in Chinese cities [J]. Ecological Indicators, 2023, 156: No.111198.

[86] Zhang B B, Wang N, Yan Z J, et al. Does a mandatory cleaner production audit have a synergistic effect on reducing pollution and carbon emissions? [J]. Energy Policy, 2023, 182: No.113766.

[87] Zhang W, Li J, Li G X, et al. Emission reduction effect and carbon market efficiency of carbon emissions trading policy in China [J]. Energy, 2020, 196: No.117117.

[88] Zhao X G, Jiang G W, Nie D, et al. How to improve the market efficiency of carbon trading: A perspective of China [J]. Renewable and Sustainable Energy Reviews, 2016, 59: 1229–1245.

[89] Zhou H, Ping W, Wang Y, et al. China's initial allocation of interprovincial carbon emission rights considering historical carbon transfers: Program design and efficiency evaluation [J]. Ecological Indicators, 2021, 121: 106918.

[90] Zhou P, Wang M.Carbon dioxide emissions allocation: A review [J]. Ecological Economics, 2016, 125: 47–59.

[91] Zhu J P, Wu S H, Xu J B. Synergy between pollution control and carbon reduction: China's evidence [J]. Energy Economics, 2023, 119: No.106541.

[92] 薄凡, 庄贵阳, 禹湘, 等. 气候变化经济学学科建设及全球气候治理: 首届气候变化经济学学术研讨会综述 [J]. 经济研究, 2017, 52 (10): 200–203.

[93] 边志强, 张倩华. 用能权交易制度对城市低碳转型发展的影响研究——基于碳排放效率的视角 [J]. 城市问题, 2024 (4): 73–84+94.

[94] 蔡军, 吴薇. 碳排放权交易机制研究综述 [J]. 现代营销 (上旬刊),

2024（7）：88-90.

［95］蔡文灿.国际碳排放权分配方案的构建——基于全球公共物品和财产权的视角［J］.华侨大学学报（哲学社会科学版），2013（4）：90-99.

［96］陈晖，温婧，庞军，等.基于31省MRIO模型的中国省际碳转移及碳公平研究［J］.中国环境科学，2020，40（12）：5540-5550.

［97］陈绍晴，吴俊良.粤港澳大湾区消费端碳排放评估与"双碳"政策探讨［J］.区域经济评论，2022（2）：60-66.

［98］陈诗一.边际减排成本与中国环境税改革［J］.中国社会科学，2011（3）：85-100+222.

［99］陈诗一.能源消耗、二氧化碳排放与中国工业的可持续发展［J］.经济研究，2009，44（4）：41-55.

［100］陈小龙，狄乾斌，吴洪宇.中国沿海城市群减污降碳协同增效时空演变及影响因素［J］.热带地理，2023，43（11）：2060-2074.

［101］陈晓红，张嘉敏，唐湘博.中国工业减污降碳协同效应及其影响机制［J］.资源科学，2022，44（12）：2387-2398.

［102］陈莹，袁金龙，任克京，等.区块链视角下知识产权质押融资演化博弈分析［J］.品牌与标准化，2024（5）：167-170.

［103］陈真亮，项如意.碳排放配额制度的比例原则检视及优化进路：基于三个碳交易立法文本的规范分析［J］.学术交流，2022（3）：78-91.

［104］程郁泰，肖红叶.中国碳排放权交易政策的经济与减排效应研究［J］.统计与信息论坛，2023，38（7）：61-74.

［105］丁丽媛，王艳华，王克.碳排放权交易的减污降碳协同效应及影响机制［J］.气候变化研究进展，2023，19（6）：786-798.

［106］董碧滢，徐盈之.中国省际碳排放转移的福利溢出效应［J］.中国人口·资源与环境，2022，32（11）：58-69.

［107］范巧，郭爱君．一种新的基于全息映射的面板时空地理加权回归模型方法［J］．数量经济技术经济研究，2021，38（4）：120-138．

［108］方恺，张琦峰，叶瑞克，等．巴黎协定生效下的中国省际碳排放权分配研究［J］．环境科学学报，2018，38（3）：1224-1234．

［109］冯晨鹏，王慧玲，毕功兵．存在多种非期望产出的非径向零和收益 DEA 模型我国区域环境效率实证研究［J］．中国管理科学，2017，25（10）：42-51．

［110］冯晨鹏，尹绍婧，肖相泽，等．浙江省区域碳排放权配额分配与补偿研究［J］．系统工程学报，2020，35（5）：577-587．

［111］冯青，吴志彬，徐玖平．基于投入产出规模的省际碳排放配额分配研究［J］．中国管理科学，2023，31（3）：268-276．

［112］付晓雨．我国碳排放权交易市场及其对企业碳会计应用的影响研究［D］．南昌：南昌大学，2022．

［113］傅京燕，黄芬．中国碳交易市场 CO_2 排放权地区间分配效率研究［J］．中国人口·资源与环境，2016，26（2）：1-9．

［114］高晗博，严坤，吕一铮，等．我国工业园区碳达峰路径优化分析模型及实证研究［J］．中国能源，2023，45（Z1）：67-81．

［115］关海玲．环境规制、全要素生产率与制造业产业集聚［J］．社会科学家，2019（7）：43-52．

［116］关海玲，张华．基于碳排放总量约束的我国产业部门碳配额分配研究［J］．经济问题，2024（3）：76-84．

［117］郭沛，王光远．数字经济的减污降碳协同作用及机制——基于地级市数据的实证检验［J］．资源科学，2023，45（11）：2117-2129．

［118］郭文，刘小峰，吴孝灵．中国"十三五"时期省际碳减排目标的效率分配［J］．中国人口·资源与环境，2017，27（5）：72-83．

［119］韩冬日，刁燕霞，王心娟．黄河流域减污降碳协同治理效率空间网络关

联特征及驱动因素［J/OL］.环境科学，1-15［2024-08-26］. https://doi.org/10.13227/j.hjkx.202405227.

［120］韩良.国际温室气体排放权交易法律问题研究［M］.北京：中国法治出版社，2009.

［121］韩田，荣红.全球价值链视角下中印制造业双边贸易隐含碳转移研究［J］.南亚研究季刊，2024（2）：83-102+158-159.

［122］胡东滨，汪静，陈晓红.配额免费分配法下市场结构对碳交易市场运行效率的影响［J］.中国人口·资源与环境，2017，27（2）：52-59.

［123］胡嘉鹏.基于三方博弈的企业供应链融资协同机制研究［J］.全国流通经济，2024（14）：107-110.

［124］胡剑波，李潇潇，王蕾.效率视角下中国产业部门隐含碳配额及边际减排成本研究［J］.中国软科学，2023（12）：134-142.

［125］胡剑波，闫烁，韩君.中国产业部门隐含碳排放效率研究——基于三阶段 DEA 模型与非竞争型 I-O 模型的实证分析［J］.统计研究，2021，38（6）：30-43.

［126］胡雅蓓.中国省际隐含碳排放空间与产业转移路径［J］.技术经济，2019，38（9）：130-137.

［127］胡中华，周振新.区域环境治理：从运动式协作到常态化协同［J］.中国人口·资源与环境，2021，3（3）：66-74.

［128］黄宝荣，王毅，张慧智，等.北京市分行业能源消耗及国内外贸易隐含能研究［J］.中国环境科学，2012，32（2）：377-384.

［129］黄煌.2030 年碳强度目标约束下中国省域碳排放总量分配——基于边际减排成本效应视角的分析［J］.调研世界，2020（7）：25-33.

［130］黄巧龙."双碳"目标下我国汽车产业转型升级策略探讨——基于技术创新视角［J］.海峡科技与产业，2023，36（6）：1-6.

［131］戢晓峰，白淑敏，陈方，等.效率视角下省域交通碳排放配额分配研究［J］.干旱区资源与环境，2022，36（4）：1-7.

［132］江艇.因果推断经验研究中的中介效应与调节效应［J］.中国工业经济，2022（5）：100-120.

［133］李国志，李宗植.中国二氧化碳排放的区域差异和影响因素研究［J］.中国人口·资源与环境，2010，20（5）：22-27.

［134］李红霞，郑石明，要蓉蓉.环境与经济目标设置何以影响减污降碳协同管理绩效？［J］.中国人口·资源与环境，2022，32（11）：109-120.

［135］李晖，刘卫东，唐志鹏.全球贸易隐含碳净转移的空间关联网络特征［J］.资源科学，2021（4）：682-692.

［136］李建豹，黄贤金，揣小伟，等.基于碳排放总量和强度约束的碳排放配额分配研究［J］.干旱区资源与环境，2020，34（12）：72-77.

［137］李江龙，彭千芸，杜克锐.区域一体化与城市碳效率——基于城市群政策的实证考察［J］.财经科学，2024（3）：89-102.

［138］李露茜，吴施，田原.碳排放权交易与企业绿色技术创新［J］.统计与信息论坛，2024，39（6）：89-99.

［139］李平星，曹有挥.产业转移背景下区域工业碳排放时空格局演变：以泛长三角为例［J］.地球科学进展，2013（8）：939-947.

［140］李青原，肖泽华.异质性环境规制工具与企业绿色创新激励——来自上市企业绿色专利的证据［J］.经济研究，2020，55（9）：192-208.

［141］李薇，汤烨，徐毅，等.城市污水处理行业污染物减排与CO_2协同控制研究［J］.中国环境科学，2014，34（3）：681-687.

［142］李汶豫，文传浩，苏旭阳，等.长江经济带城市减污降碳协同效应时空演化及驱动因素研究［J］.环境科学研究，2024，37（8）：1641-1653.

［143］廖志高，许京怡，简克蓉.碳排放权价格评估方法及实证研究［J］.

生态经济，2022，38（12）：39–47.

［144］林伯强，孙传旺.如何在保障中国经济增长前提下完成碳减排目标［J］.中国社会科学，2011（1）：64–76+221.

［145］林坦，宁俊飞.基于零和 DEA 模型的欧盟国家碳排放权分配效率研究［J］.数量经济技术经济研究，2011，28（3）：36–50.

［146］令狐大智，武新丽，叶飞.考虑双重异质性的碳配额分配及交易机制研究［J］.中国管理科学，2021，29（3）：176–187.

［147］刘秉镰，李清彬.中国城市全要素生产率的动态实证分析：1990—2006——基于 DEA 模型的 Malmquist 指数方法［J］.南开经济研究，2009（3）：139–152.

［148］刘海英，王钰.基于历史法和零和 DEA 方法的用能权与碳排放权初始分配研究［J］.中国管理科学，2020，28（9）：209–220.

［149］刘华军，郭立祥，乔列成.减污降碳协同效应的量化评估研究——基于边际减排成本视角［J］.统计研究，2023，40（4）：19–33.

［150］刘平阔，慕雨坪.绿色金融、碳交易与产业绩效：影响机理及中国 7 个试点的力证［J］.中国软科学，2024（4）：25–36.

［151］刘亦文，邓楠.环境保护税是否有效释放了四重红利效应？［J］.中国人口·资源与环境，2023，33（10）：35–46.

［152］刘亦文，邓楠.碳排放权交易制度对减污降碳协同治理的影响研究［J］.湖南工业大学学报，2024，38（2）：65–74.

［153］刘源，温作民.碳排放权交易政策对制造业企业绿色技术创新的影响［J］.技术经济与管理研究，2023（3）：110–114.

［154］刘志华，徐军委，张彩虹.省域横向碳生态补偿的演化博弈分析［J］.软科学，2021，35（11）：115–122.

［155］刘竹，窦新宇，于颖，等.中国在全球贸易中的隐含碳排放转移研

究［J］.计量经济学报，2023，3（4）：1225-1242.

［156］柳君波，徐向阳，李思雯.中国电力行业的全周期碳足迹［J］.中国人口·资源与环境，2022，32（1）：31-41.

［157］陆敏，徐好，陈福兴."双碳"背景下碳排放交易机制的减污降碳效应［J］.中国人口·资源与环境，2022，32（11）：121-133.

［158］罗福周，唐佳.第三方监督下政企低碳减排策略演化博弈研究［J］.生态经济，2020，36（4）：30-34.

［159］罗良文，雷朱家华.中国碳市场政策的减污降碳协同效应［J］.资源科学，2024，46（1）：53-68.

［160］吕洁华，张泽野.中国省域碳排放核算准则与实证检验［J］.统计与决策，2020，36（3）：46-51.

［161］马彦瑞，刘强.新型城镇化建设的减污降碳效应［J］.中国人口·资源与环境，2024，34（1）：33-45.

［162］马兆良，徐晓庆.碳交易如何影响绿色低碳发展？——基于多期DID与连续DID的经验研究［J］.科学与管理，2024，44（2）：44-51.

［163］年志远，王新乐，杜莉.中国碳配额交易制度的减排效应分析［J］.社会科学战线，2023（11）：64-77.

［164］齐绍洲，徐珍珍，谭秀杰，等.中国碳市场产能过剩行业的碳排放配额如何分配是有效的？［J］.中国人口·资源与环境，2021，31（9）：73-85.

［165］钱浩祺，吴力波，任飞州.从"鞭打快牛"到效率驱动：中国区域间碳排放权分配机制研究［J］.经济研究，2019，54（3）：86-102.

［166］钱明霞，路正南，王健.基于ZSG-DEA模型的产业部门碳排放分摊分析［J］.工业技术经济，2015（11）：97-104.

［167］钱昭英，田磊.考虑减排潜力的中国省域碳排放权分配研究——基于改进的ZSG-DEA模型［J］.工业技术经济，2024，43（7）：91-100.

［168］乔森，郭子欣.碳约束下技术创新和绿色低碳循环发展经济体系的构建［J］.南宁师范大学学报（哲学社会科学版），2022，43（6）：44-56.

［169］沈满洪，吴文博，魏楚.近二十年低碳经济研究进展及未来趋势［J］.浙江大学学报（人文社会科学版），2011（3）：28-39.

［170］石敏俊，袁永娜，周晟吕，等.碳减排政策：碳税、碳交易还是两者兼之？［J］.管理科学学报，2013，16（9）：9-19.

［171］宋德勇，陈梁，王班班.环境权益交易如何实现减污降碳协同增效：理论与经验证据［J］.数量经济技术经济研究，2024，41（2）：171-192.

［172］宋德勇，夏天翔.中国碳交易试点政策绩效评估［J］.统计与决策，2019，35（11）：157-160.

［173］宋杰鲲，张凯新，曹子建.省域碳排放配额分配—融合公平和效率的研究［J］.干旱区资源与环境，2017，31（5）：7-13.

［174］宋容容，陈勇明.中国碳排放权交易价格影响因素分析——基于全国碳市场价格时间序列的 VEC 动态分析［J］.成都信息工程大学学报，2024，39（4）：512-518.

［175］宋晓聪，沈鹏，谢明辉，等.我国工业 CO_2 排放与经济发展脱钩关系解析［J］.生态经济，2023，39（5）：28-33.

［176］宋亚植，李银，李仲飞.基于产出效率的中国钢铁行业碳配额分配方案［J］.资源科学，2023，45（2）：333-343.

［177］孙凡，杨青.企业数字化转型能助力我国"双碳"目标实现吗？［J］.南京财经大学学报，2023（5）：79-88.

［178］孙健，莫君媛.推动工业领域碳达峰存在的误区及政策建议［J］.冶金管理，2022（12）：79-84.

［179］孙立成，程发新，李群.区域碳排放空间转移特征及其经济溢出效应［J］.中国人口·资源与环境，2014（8）：17-23.

［180］孙立成，蒋玲玲，张济建.产业间碳排放转移结构分解及演变特征研究［J］.商业研究，2018（2）：146-154.

［181］唐慧玲.低碳经济背景下绿色供应链中政企博弈的研究——基于企业自主减排的目标［J］.当代经济科学，2019，41（6）：108-119.

［182］田美慧.基于碳中和目标的中国碳配额分配方法研究［D］.贵阳：贵州大学，2022.

［183］王安静，冯宗宪，孟渤.中国30省份的碳排放测算以及碳转移研究［J］.数量经济技术经济研究，2017，34（8）：89-104.

［184］王丹丹，杨勃.碳排放权交易制度对控排企业绿色技术创新的驱动机制研究——基于市场逻辑视角［J］.软科学，2024，38（12）：71-78.

［185］王道平，常敬雅，郝玫.碳交易政策下基于技术投资的供应链纵向合作动态减排研究［J］.控制与决策，2024，39（5）：1654-1664.

［186］王功贺.碳排放交易政策对地区绿色发展的影响研究［D］.济南：山东财经大学，2022.

［187］王慧，孙慧，肖涵月，等.碳达峰约束下减污降碳的协同增效及其路径［J］.中国人口·资源与环境，2022，32（11）：96-108.

［188］王军锋，张静雯，刘鑫.碳排放权交易市场碳配额价格关联机制研究——基于计量模型的关联分析［J］.中国人口·资源与环境，2014，24（1）：64-69.

［189］王倩，高翠云.公平和效率维度下中国省际碳权分配原则分析［J］.中国人口·资源与环境，2016，26（7）：53-61.

［190］王文举，陈真玲.中国省级区域初始碳配额分配方案研究——基于责任与目标、公平与效率的视角［J］.管理世界，2019，35（3）：81-98.

［191］王文举，孔晓旭.基于2030年碳达峰目标的中国省域碳配额分配研究［J］.数量经济技术经济研究，2022，39（7）：113-132.

［192］王宪恩，赵思涵，刘晓宇，等.碳中和目标导向的省域消费端碳排放减排模式研究：基于多区域投入产出模型［J］.生态经济，2021，37（5）：43-50.

［193］王雅楠，李冰迅，张艺芯，等.中国减污降碳协同效应时空特征与影响因素［J］.环境科学，2024，45（9）：4993-5002.

［194］王育宝，樊鑫.电力行业碳强度配额交易市场与可再生能源支持政策协同减碳机制研究［J］.干旱区资源与环境，2024，38（8）：31-41.

［195］王育宝，何宇鹏.中国省域净碳转移测算研究［J］.管理学刊，2020，33（2）：1-10.

［196］王志强，任金哥，原媛，等.考虑历史碳转移的我国省际建筑业碳配额分配研究［J］.干旱区资源与环境，2024，38（4）：21-28.

［197］王芝炜，孙慧，张贤峰，等.用能权交易制度能否实现减污降碳的双重环境福利？［J］.产业经济研究，2023（4）：15-26+39.

［198］魏咏梅，王心雨，丁毅宏，等.碳达峰目标下考虑碳转移的中国电力行业省域碳配额分配研究［J］.干旱区资源与环境，2023，37（7）：19-26.

［199］吴凤平，韩宇飞.“双碳”目标下黄河流域城市碳排放配额两阶段分配模型［J］.中国人口·资源与环境，2023，33（11）：33-46.

［200］吴洁，范英，夏炎，等.碳配额初始分配方式对我国省区宏观经济及行业竞争力的影响［J］.管理评论，2015，27（12）：18-26.

［201］吴雪萍，邱文海.用能权交易制度的减污降碳协同效应分析［J］.环境科学，2024，45（8）：4627-4635.

［202］吴茵茵，齐杰，鲜琴，等.中国碳市场的碳减排效应研究——基于市场机制与行政干预的协同作用视角［J］.中国工业经济，2021（8）：114-132.

［203］武亮，董莹锗，周建华，等.碳排放约束下绿色技术创新供需双方的利益均衡博弈分析［J］.生态经济，2024，40（5）：71-78.

［204］武祯妮，尹应凯，金铭.中国碳交易试点政策溢出效应下的区域间隐

含碳排放转移责任研究［J］. 统计与信息论坛，2024，39（7）：82-96.

［205］肖雁飞，万子捷，刘红光. 我国区域产业转移中"碳排放转移"及"碳泄漏"实证研究：基于2002年、2007年区域间投入产出模型的分析［J］. 财经研究，2014（2）：75-84.

［206］邢贞成，王济干，冯奎双，等. 国际贸易中碳排放与增加值的虚拟转移及其不公平性研究［J］. 世界地理研究，2023，32（8）：16-24+138.

［207］熊小平，康艳兵，冯升波，等. 碳排放总量控制目标区域分解方法研究［J］. 中国能源，2015，37（11）：15-19.

［208］徐英启，程钰，王晶晶. 中国资源型城市碳排放效率时空演变与绿色技术创新影响［J］. 地理研究，2023，43（3）：878-894.

［209］许松涛，肖序. 环境规制降低了重污染行业的投资效率吗？［J］. 公共管理学报，2011，8（3）：102-114+127-128.

［210］闫东升，孙伟，李平星. 中国城乡居民收入差距对碳排放强度的作用机制——基于面板数据的实证分析［J］. 自然资源学报，2023，38（9）：2403-2417.

［211］闫庆友，桂增侃，张文华，等. 中国能源影子价格和能源环境效率省际差异［J］. 资源科学，2020，42（6）：1040-1051.

［212］杨冬锋，刘厚伟，孙勇，等. 考虑绿证交易机制与碳捕集电厂深度调峰补偿的多主体联合调峰优化调度［J］. 电网技术，2024，48（1）：100-109.

［213］杨青，郭露，刘星星，等. 中国省域交通碳排放空间关联格局的驱动特征［J］. 中国环境科学，2024，44（2）：1171-1184.

［214］杨文琦，杨剑，张愉聆，等. 中国碳排放权交易市场发展现状与对策探究［J］. 投资与创业，2023（19）：148-150.

［215］杨晓军，薛洪畅. 创新驱动政策是否促进城市减污降碳协同增效？——来自国家创新型城市试点政策的经验证据［J］. 产业经济研究，2024（3）：1-14.

［216］杨振. 中国能源消费碳排放影响因素分析［J］. 环境科学与管理，

2010，35（11）：38-40.

［217］叶芳羽，单汨源，李勇，等.碳排放权交易政策的减污降碳协同效应评估［J］.湖南大学学报（社会科学版），2022，36（2）：43-50.

［218］叶沛筠，蔡乌赶，周瑜辉.技术异质性视角下我国区域用能权与碳排放权初始分配研究［J］.软科学，2023（11）：114-121.

［219］于倩雯，吴凤平.公平与效率耦合视角下省际碳排放权分配的双层规划模型［J］.软科学，2018，32（4）：72-76.

［220］于卓卉，毛世平.中国农业净碳排放与经济增长的脱钩分析［J］.中国人口·资源与环境，2022，32（11）：30-42.

［221］袁溥，李宽强.碳排放交易制度下我国初始排放权分配方式研究［J］.国际经贸探索，2011，27（3）：78-82.

［222］张晨怡，董会娟，耿涌.中国城市生活垃圾处理碳排放时空分布特征及减排潜力［J］.中国人口·资源与环境，2024（4）：23-35.

［223］张凡.中原城市群减污降碳时空演变、驱动因素及脱钩效应研究［D］.兰州：兰州财经大学，2024.

［224］张国兴，樊萌萌，马睿琨，等.碳交易政策的协同减排效应［J］.中国人口·资源与环境，2022，32（3）：1-10.

［225］张军，吴桂英，张吉鹏.中国省际物质资本存量估算：1952—2000［J］.经济研究，2004（10）：35-44.

［226］张雪纯，曹霞，宋林壕.碳排放交易制度的减污降碳效应研究——基于合成控制法的实证分析［J］.自然资源学报，2024，39（3）：712-730.

［227］张延颜.基于AHP的中粮地产并购大悦城的财务协同效应分析［D］.兰州：兰州财经大学，2023.

［228］张瑜，孙倩，薛进军，等.减污降碳的协同效应分析及其路径探究［J］.中国人口·资源与环境，2022，32（5）：1-13.

［229］赵曼仪，王科.减污降碳协同效应综合评估的研究综述与展望［J］.中国人口·资源与环境，2024，34（2）：58-69.

［230］赵帅，何爱平.行政干预与市场机制双重视角下碳交易减排效应研究——基于283个城市的准自然实验［J］.科技进步与对策，2023，40（12）：54-65.

［231］赵晓梦，魏婷，朱俊鹏.从排污费到环保税：绿色税制改革视阈下的减污降碳协同治理研究［J］.中国地质大学学报（社会科学版），2024，24（3）：57-72.

［232］郑熠雯，杨震.政府环境规制对企业绿色创新的影响研究［J］.财会通讯，2024（3）：59-63.

［233］周肖肖，贾梦雨，赵鑫.绿色金融助推企业绿色技术创新的演化博弈动态分析和实证研究［J］.中国工业经济，2023（6）：43-61.

［234］朱思瑜，于冰."排污权"和"碳排放权"交易的减污降碳协同效应研究——基于污染治理和政策管理的双重视角［J］.中国环境管理，2023，15（1）：102-109.

后　记

近年来，气候变化成为事关人类生存和永续发展的重大问题，高温热浪、极端降水、自然灾害等风险日益凸显，迫切需要世界各地团结协作以实现碳减排。为响应国内外生态环境保护与全球气候治理的号召，中国作出了一系列关于应对气候变化与改善生态环境的重大部署，以保障各项生态保护政策切实落地，尤其是在碳排放权交易市场建设与减污降碳协同治理方面。中国高度重视碳市场与减污降碳协同治理工作，并多次将其作为中国应对气候变化的重要抓手，纳入有关生态环境保护的政策体系。

此前，笔者高度关注资源与环境经济及产业经济领域，从事研究自然资源与环境要素的有效配置及产业发展等问题。自博士研究生毕业后，一直在资源与环境经济及低碳经济领域深耕，聚焦中国生态环境保护与治理中有关环境规制政策、"双碳"目标的核心研究范畴，发表了与环境规制、碳排放主题相关的文章共40余篇，包括本书也是笔者将曾发表在《中国人口·资源与环境》《宏观经济管理》《经济问题》等多个刊物的系列文章经过整理、修改和大幅扩充而成的，是笔者从事与低碳经济研究相关的国家、省级和院属基金课题成果的集中展现。

在本书写作过程中，课题组曾定期召开专题研讨会，就碳配额分配、碳排放权交易及碳排放转移研究的重点、难点内容在构思与撰写方面进行了有针对性的讨论，逐步形成了阶段性成果。随着内容研讨的不断深入，课题组最终决定从多个角度对研究成果进行改进与完善，最终写就本书。

在本书付梓之际，感恩之情溢于言表。假舆马者，非利足也，而致千里。若笔者身边没有杰出专家与优秀学子为伴，本书也不会顺利完成并呈现在读者面前。在本书创作过程中，曾有诸多优秀学生为笔者提供了宝贵的灵感经验和撰写建议。在此，首先要感谢张华与李家鹏两位同学，他们在攻读硕士研究生期间的研究方向与笔者的研究领域密切相关，且凭借他们扎实的专业水平与学术水平撰写了相关学术论文，为本书的研究内容提供了极具参考价值的研究成果，充实了本书的理论研究。此外，要特别感谢解伟强同学，该同学凭借自身良好的专业基础协助笔者完成了部分章节的撰写。最后，感谢所有对本书顺利出版提供过帮助和支持的人，包括但不限于那些在笔者撰写过程中慷慨分享宝贵资料的专家学者，他们的专业见解和丰富资源为本书的研究奠定了坚实的基础。愿这份感激之情能化作笔者前行的动力，鼓励笔者继续在学术道路上探索前行，与身边优秀的学者和学子一同拼搏、一同成长、一同进步。

谨以此书献给所有帮助和支持笔者的人！

由于笔者自身的理论水平有限，且研究对象处于不断变化发展中，书中难免存在不足之处，敬请各位专家学者不吝赐教。

关海玲

2024 年 8 月 20 日